I0052522

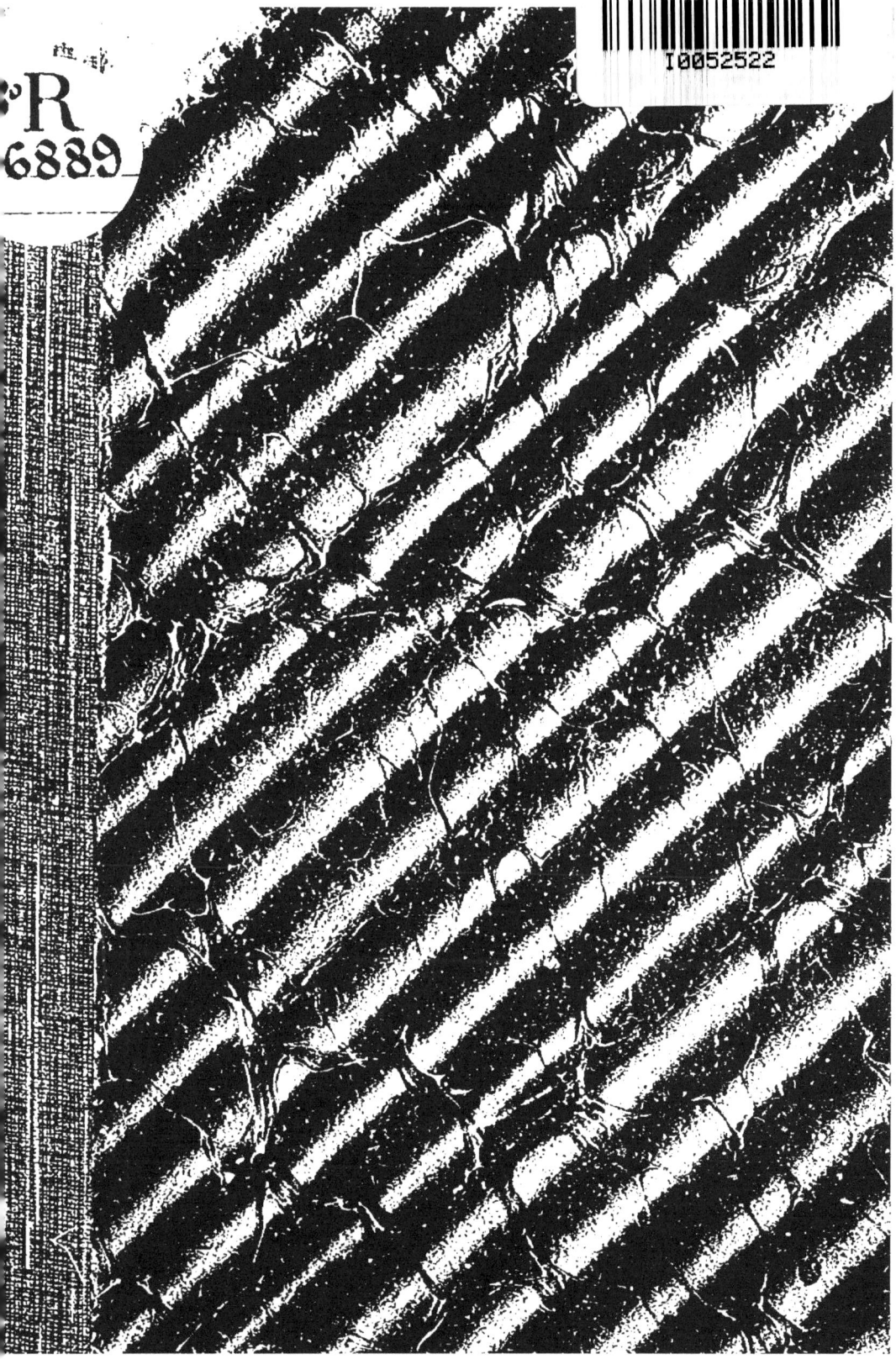

A. DUPUIS

RÉSUMÉ DE CHIMIE

NOTATION ATOMIQUE

à l'usage des Candidats

au Baccalauréat.

PRIX : 2 FRANCS

MONTLUÇON
IMPRIMERIE A. HERBIN

1900

RÉSUMÉ DE CHIMIE

A. DUPUIS

RÉSUMÉ DE CHIMIE

NOTATION ATOMIQUE

à l'usage des Candidats

au Baccalauréat.

PRIX : 1 fr. 50

MONTLUÇON

IMPRIMERIE A. HERBIN

1900

RÉSUMÉ DE CHIMIE

NOTIONS PRÉLIMINAIRES

Un corps simple est un corps dont on n'a pu retirer qu'une seule substance. On connaît actuellement soixante-sept corps simples.

Les corps simples forment deux catégories : Les Métalloïdes et les Métaux. Les métaux se distinguent des métalloïdes en ce qu'ils sont doués d'un éclat particulier appelé éclat métallique. Ils sont, de plus, bons conducteurs de la chaleur et de l'électricité. Nous verrons plus loin le caractère chimique essentiel qui les distingue des métalloïdes.

TABLEAU DES MÉTALLOÏDES

Fluor	Fl	Soufre	S	Arsenic	As
Chlore	Cl	Sélenium	Se	Carbone	C
Brome	Br	Tellure	Te	Silicium	S
Iode	I	Azote	Az	Bore	Bo
Oxygène	O	Phosphore	Ph ou P.	Hydrogène	

COMBINAISONS

La combinaison est l'union intime de deux ou plusieurs corps qui a pour résultat la formation d'un nouveau corps complètement distinct de ceux qui ont servi à le former, tant par ses propriétés physiques que par ses propriétés chimiques

LOIS DES COMBINAISONS

Les lois qui président aux combinaisons sont au nombre de quatre :

1° *Loi des poids.* — Cette loi a été énoncée par Lavoisier en ces termes : Le poids d'un composé est égal à la somme des poids des composants.

Rien ne se perd, rien ne se crée.

2° *Loi des proportions définies ou loi de Proust.* — Deux corps se combinent toujours dans des proportions fixes et invariables. Ainsi 8 grammes d'oxygène se combinent toujours avec 1 gramme d'hydrogène, pour former de l'eau. S'il y avait un excès de l'un de ces deux corps, cet excès resterait libre.

3° *Loi des proportions multiples ou loi de Dalton.* Lorsque deux corps se combinent en plusieurs proportions, les divers poids de l'un des corps qui se combinent avec un même poids de l'autre, sont toujours entre eux dans des rapports simples. L'étude des composés oxygénés de l'azote nous fournira un remarquable exemple de cette loi.

4° *Loi des volumes ou loi de Gay-Lussac.* — Il y a un rapport constant et simple entre les volumes des gaz qui se combinent.

Il existe aussi un rapport simple entre le volume du composé et le volume des composants.

Ainsi 1 volume de chlore et 1 volume d'hydrogène donnent 2 volumes d'acide chlorhydrique.

1 volume d'oxygène et 2 volumes d'hydrogène donnent 2 volumes de vapeur d'eau.

1 volume d'azote et 3 volumes d'hydrogène donnent 2 volumes de gaz ammoniac.

On voit ainsi par ces exemples que si la combinaison s'effectue à volumes inégaux, il y a condensation, c'est-à-dire que le volume du composé est moindre que la somme des volumes des composants. La contraction est de 1/3 du volume total quand les gaz se combinent dans le rapport de 1 à 2 comme nous le voyons pour l'eau. La contraction est de 1/2 si ce rapport est représenté par 1 et 3 comme cela a lieu dans l'ammoniaque.

POIDS MOLÉCULAIRE. — POIDS ATOMIQUE

On appelle poids moléculaire d'un corps simple ou composé à l'état de gaz ou de vapeur, le poids de ce corps qui occuperait à 0° et 760^{mm} le même volume qu'un poids d'hydrogène égal à 2^{gr}.

Le poids atomique d'un corps simple est le plus petit des poids de ce corps qui existe dans le poids moléculaire de ses composés. On peut dire aussi que c'est la densité du gaz ou de la vapeur du corps simple par rapport à l'hydrogène, à quelques exceptions près.

NOMENCLATURE CHIMIQUE

Corps simples. — Les corps simples portent des noms quelconques. On les représente en général par la première lettre de leur nom. Il y a cependant des exceptions.

Corps composés. — On distingue dans les corps composés : les acides, les anhydrides, les bases, les sels et d'autres composés.

Les acides sont des corps qui rougissent la teinture du tournesol. Ils renferment toujours de l'hydrogène.

Il y a deux classes d'acides :

1º Les acides renfermant de l'hydrogène combiné à un seul corps simple. On les appelle quelquefois des hydracides.

Exemple : H Cl formé de chlore et d'hydrogène.

2º Les acides renfermant de l'hydrogène combiné à deux corps simples dont l'un est l'oxygène. On leur donne aussi le nom d'oxacides.

Ex. : SO^4H^2 formé d'hydrogène, d'oxygène et de soufre.

Les *Bases* sont des corps composés qui verdissent le sirop de violette et ramènent au bleu la teinture du tournesol rougie par les acides.

Les bases renferment toujours de l'hydrogène combiné à deux corps simples dont l'un est l'oxygène.

Ex. : KOH (potasse), formée de potassium, d'hydrogène et d'oxygène.

Les Sels. — Les sels résultent de la substitution totale ou partielle d'un métal à l'hydrogène d'un acide.

Ainsi : SO^4KH,

SO^4K^2 sont des sels.

Certains métaux appelés divalents se substituent dans la proportion de un poids atomique du métal pour deux poids atomiques d'hydrogène.

Ainsi SO^4Cu est un sel au même titre que SO^4K^2.

Oxydes et Anhydrides. — La combinaison d'un corps simple avec l'oxygène forme ce que l'on appelle d'une façon générale un oxyde.

Ainsi CO se nommera oxyde de carbone.

Si un oxyde peut, en s'unissant aux éléments de l'eau, produire un acide, on lui donne le nom d'anhydride. Ainsi SO^2, formé de soufre et d'oxygène, est un anhydride.

Si un corps simple forme avec l'oxygène un seul anhydride, on énonce cet anhydride en ajoutant au nom du corps simple la terminaison *ique*.

Ainsi CO^2, formé de carbone et d'oxygène, se nommera anhydride carbonique.

Si un corps forme avec l'oxygène deux anhydrides, celui qui contient le plus d'oxygène conserve la terminaison *ique*, tandis que celui qui en contient le moins prend la terminaison *eux*.

Ex. : Anhydride arsénieux — Anhydride arsénique.

Lorsqu'un corps simple forme avec l'oxygène

plus de deux anhydrides, on se sert pour les distinguer de la préposition *hypo* que l'on place devant les anhydrides terminés en *eux* ou *ique*.

Anhydride hypochloreux.
Anhydride chloreux.

Si un anhydride est encore plus oxygéné, on le fait précéder de la préposition *hyper*.

Ex. : Anhydride hypersulfurique, ou simplement persulfurique.

Il en est absolument de même pour les acides. Il suffit de remplacer le mot anhydride par le mot acide.

Ex. : Acide azoteux. — Acide azotique.

Autres composés binaires. — Lorsque deux corps simples se combinent, le composé se désigne par le nom du métalloïde terminé en *ure*, suivi du nom du métal. Fe S, par exemple, se lira sulfure de fer.

Si un métalloïde se combine en diverses proportions avec une même quantité de métal, on fait précéder le nom du métalloïde des préfixes : proto, bi, tri, etc.

Ainsi Fe S² se lira bi-sulfure de fer.

Même observation pour les oxydes.

Si ce sont deux métalloïdes qui se combinent entre eux, la même règle est applicable. On donne à l'un d'eux la terminaison *ure* comme précédemment.

Le métalloïde qui prend la termison *ure* est celui

qui se rend au pôle positif, lorsque le composé est soumis à l'action d'un courant.

Ex. : Sulfure de carbone.

Carburé d'hydrogène.

Nomenclature des sels à oxacides. — Lorsque le nom de l'acide qui entre dans un sel se termine en *ique*, on change *ique* en *ate* et on fait suivre le terme générique du nom du métal.

Ainsi l'acide sulfurique forme des sulfates. On dit par exemple sulfate de cuivre, sulfate de plomb, sulfate de potassium.

Si le nom de l'acide est terminé en *eux*, le sel se termine en *ite*.

Ainsi, l'acide azoteux forme des azotites, tandis que l'acide azotique forme des azotates.

(*Voir plus loin à l'article* SELS *des détails complémentaires*)

HYDROGÈNE H = 1

PROPRIÉTÉS

C'est un gaz incolore, insipide, inodore, très peu soluble dans l'eau. C'était un des gaz réputés permanents. Densité 0,069. Le plus léger de tous les gaz : il pèse 14 fois et demie moins que l'air, 16 fois moins que l'oxygène.

L'hydrogène est bon conducteur de la chaleur, il se comporte du reste comme un métal.

L'hydrogène est doué d'un pouvoir endosmotique considérable. Il traverse très rapidement les parois poreuses. Employé autrefois dans le gonflement des ballons, on a dû y renoncer, car les ballons se dégonflaient trop rapidement. On le remplace aujourd'hui par le gaz de l'éclairage.

C'est un gaz éminemment combustible ; il brûle avec une flamme pâle, peu éclairante, mais excessivement chaude. Le résultat de la combustion est la vapeur d'eau.

Deux volumes d'hydrogène et un volume d'oxygène forment un mélange qui détonne au contact d'un corps enflammé ou simplement au contact de l'éponge de platine.

L'hydrogène dégageant beaucoup de chaleur en se combinant avec l'oxygène enlève ce gaz aux oxydes dont la formation a dégagé moins de

chaleur. Ainsi l'hydrogène réduit le sesquioxyde de
fer suivant la réaction :

$$Fe^2 O^3 + 6 H = 3 H^2 O + 2 Fe.$$

On obtient ainsi du fer pulvérulent qui a la propriété de s'enflammer au contact de l'air à la température ordinaire (fer pyrophorique de Magnus).

L'hydrogène réduit ainsi un grand nombre
d'oxydes métalliques.

État naturel. — L'hydrogène entre dans la composition de l'eau. Combiné au carbone, à l'oxygène
et à l'azote, il constitue toutes les matières organiques.

PRÉPARATION

On prépare ordinairement l'hydrogène en décomposant l'eau par le zinc et l'acide sulfurique, dans
un flacon à deux tubulures. On verse de l'eau dans
le flacon, on y ajoute des lames de zinc et l'on
verse de l'acide sulfurique par le tube à entonnoir.

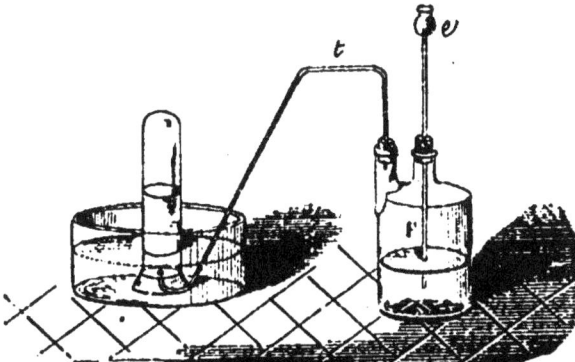

PRÉPARATION DE L'HYDROGÈNE PAR LE ZINC ET L'ACIDE SULFURIQUE

$$Zn + SO^4 H^2 = SO^4 Zn + H^2$$

On le recueille sur la cuve à eau.

On peut aussi faire passer de la vapeur d'eau sur du fer chauffé au rouge dans un tube de porcelaine.

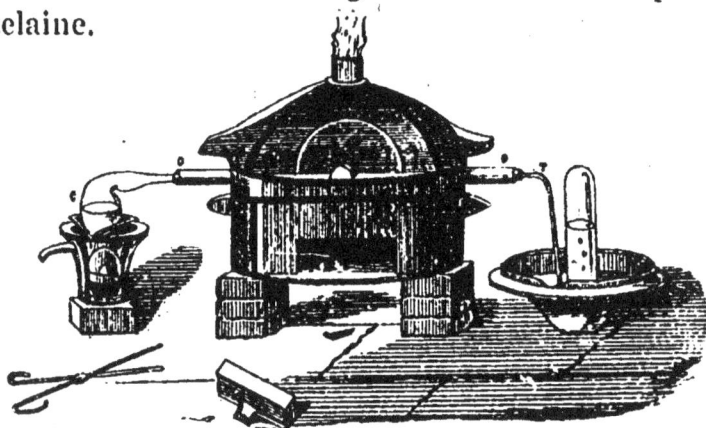

PRÉPARATION DE L'HYDROGÈNE PAR LA VAPEUR D'EAU ET LE FER AU ROUGE

Il se forme de l'oxyde salin de fer et l'hydrogène se dégage.

$$3\ Fe + 4\ H^2\ O = Fe^3\ O^4 + 8\ H.$$

USAGES

L'hydrogène est employé comme réducteur.

L'excessive chaleur de la flamme de l'hydrogène sert à fondre le platine (chalumeau à gaz oxhydrique).

OXYGÈNE O = 16

PROPRIÉTÉS

C'est un gaz incolore, sans odeur ni saveur, densité 1,105. Très peu soluble dans l'eau. C'était un des gaz réputés permanents.

L'oxygène est l'agent principal de la combustion et de la respiration.

Combustions vives. — Une allumette présentant quelques points en ignition se rallume dans l'oxygène. Si l'on plonge dans un flacon contenant de l'oxygène divers corps enflammés, ces corps brûlent avec un vif éclat. Avec le soufre, on obtient de l'anhydride sulfureux SO^2; avec le carbone, l'anhydride carbonique CO^2, etc. Une spirale en fer enflammée produit de l'oxyde salin de fer Fe^3O^4.

Combustions lentes. — Certains corps peuvent s'oxyder sans dégagement de lumière. Ainsi un morceau de phosphore non enflammé s'oxydera en produisant de l'anhydride phosphoreux Ph^2O^3. Le fer s'oxydera lentement au contact de l'oxygène humide en produisant du sesquioxyde de fer, $Fe^2O^3 H^2O$, etc. La respiration est elle-même un phénomène de combustion lente.

L'oxygène peut, dans certaines circonstances, acquérir des affinités chimiques plus accentuées encore. Si l'on fait passer à travers un tube rempli d'oxygène une série d'étincelles électriques, ce gaz prend une odeur toute spéciale et acquiert la propriété de se combiner avec certains corps qui, dans les circonstances ordinaires, ne se combinent pas avec l'oxygène.

C'est l'ozone (de οζω, je sens). Ainsi, l'ozone, en présence des bases, oxydera l'azote pour produire de l'acide azotique.

État naturel. -- L'oxygène est très répandu dans la nature. On le trouve dans l'air, dans l'eau, dans de nombreux composés.

PRÉPARATION

On prépare ordinairement l'oxygène en décomposant par la chaleur le chlorate de potasse.

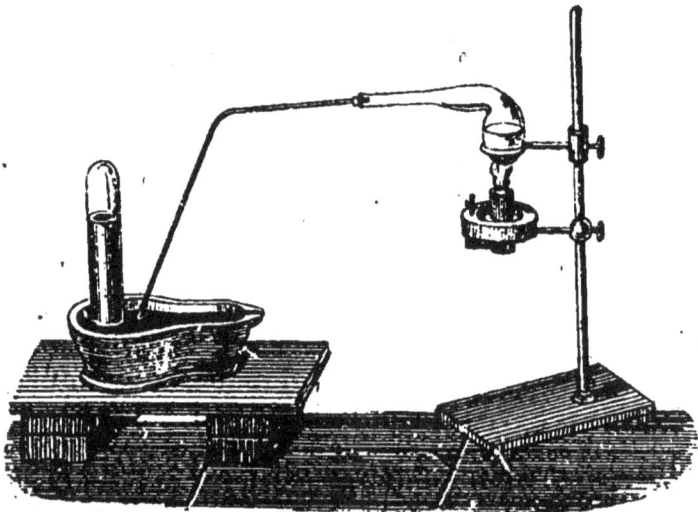

PRÉPARATION DE L'OXYGÈNE PAR LE CHLORATE DE POTASSE

L'oxygène se dégage et il reste dans la cornue du chlorure de potassium.

On recueille ce gaz sur la cuve à eau.

$$Cl\,O^3\,K = K\,Cl + O^3.$$

On peut aussi le préparer en calcinant dans une cornue en grès du bioxyde de manganèse. Il reste dans la cornue de l'oxyde salin de manganèse.

$$3\,Mn\,O^2 = Mn^3\,O^4 + O^2.$$

Il existe un grand nombre d'autres procédés de préparation de l'oxygène.

EAU $H^2O = 18$

L'eau est un liquide incolore, insipide, inodore qui se présente dans la nature sous les trois états : solide dans la glace et la neige, liquide dans les rivières, à l'état de vapeur dans l'atmosphère.

L'eau se congèle à 0°, et bout à 100° sous la pression de 760 ^{mm}. Densité de la vapeur d'eau $= \frac{5}{8}$ ou 0,622.

L'eau augmente de volume par la solidification. C'est à 4° au-dessus de 0 de l'échelle centigrade que l'eau présente son maximum de densité.

L'eau est décomposée par la chaleur et l'électricité. Au point de vue chimique, l'eau joue tantôt le rôle de base, tantôt le rôle d'acide. C'est un oxyde indifférent.

COMPOSITION DE L'EAU

L'eau est formée, en volume, de 2 volumes d'hydrogène et de 1 volume d'oxygène condensés en 2 volumes. En poids, de 8 grammes d'oxygène pour 1 gramme d'hydrogène. Nous allons passer rapidement en revue les différents procédés employés pour mettre en évidence cette composition.

ANALYSE PAR LA PILE

Carlisle et Nicholson en 1800 décomposèrent l'eau par la pile. On se sert pour reproduire cette expérience d'un vase en verre contenant de l'eau acidulée. Le fond du vase est traversé par

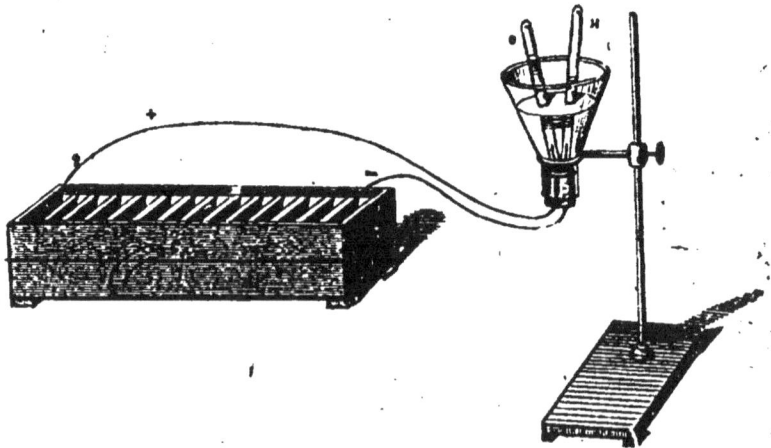

ANALYSE DE L'EAU PAR LA PILE

deux lames de platine, recouvertes par deux éprouvettes pleines d'eau. Ces lames de platine sont mises en communication avec les pôles d'une pile. Dès que le courant est établi, on voit l'hydrogène se dégager à l'électrode négative et l'oxygène au pôle positif. Le volume du premier gaz est sensiblement double de celui du second.

Remarque. — L'oxygène ainsi obtenu est à l'état d'ozone.

ANALYSE PAR LE FER

Lavoisier a fait passer un courant de vapeur d'eau sur des fils de fer contenus dans un tube de porcelaine disposé dans un fourneau à reverbère. On chauffe au rouge. Le fer s'empare de l'oxygène de l'eau pour former de l'oxyde salin de fer Fe^3O^4 et l'hydrogène se dégage.

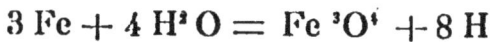

$$3\,Fe + 4\,H^2O = Fe^3O^4 + 8\,H$$

Il suffit de mesurer le volume de l'hydrogène et le poids d'oxyde de fer formé pour avoir la composition de l'eau.

SYNTHÈSE PAR L'EUDIOMÈTRE

On introduit dans un eudiomètre à mercure, 100 volumes d'hydrogène et 100 volumes d'oxygène. Après le passage de l'étincelle, il reste dans l'eudiomètre 50 volumes d'oxygène. Les deux gaz se sont donc combinés pour former de l'eau dans le rapport de 2 volumes d'hydrogène à 1 volume d'oxygène.

SYNTHÈSE EN POIDS

On peut opérer la synthèse de l'eau en réduisant un poids connu d'oxyde de cuivre chauffé au rouge par un courant d'hydrogène. Il se forme de la vapeur d'eau et le métal est mis en liberté.

$$Cu\,O + H^2 = Cu + H^2O$$

On pèse l'oxyde de cuivre avant et après l'expérience. On obtient ainsi le poids d'oxygène. On pèse l'eau qui s'est formée et on a par différence le poids de l'hydrogène.

EAU NATURELLE

L'eau des puits, l'eau des rivières, etc., contient, outre l'oxygène et l'hydrogène, des substances salines en dissolution, de l'air et de l'acide carbonique.

Air dissous dans l'eau. — L'air dissous dans l'eau n'a pas la même composition que l'air atmosphérique. Il contient environ 33 0/0 d'oxygène au lieu de 20,8. Ce qui prouve que l'air n'est pas une combinaison, mais un simple mélange d'oxygène et d'azote.

Substances salines contenues dans l'eau. — Les principales substances salines que l'on trouve en dissolution dans l'eau sont : le carbonate de chaux, le sulfate de chaux et des chlorures.

Le carbonate de chaux, bien qu'insoluble dans l'eau pure, peut se dissoudre dans l'eau chargée de gaz carbonique. On reconnaît sa présence au moyen de la solution alcoolique de bois de campêche qui prend une teinte violette plus ou moins foncée suivant la proportion de $Co^3\,Ca$.

Le sulfate de chaux se reconnaît au moyen de l'azotate de baryte qui donne un précipité blanc de sulfate de baryte.

Enfin, les chlorures se reconnaissent au moyen de l'azotate d'argent qui forme un précipité blanc caillebotté de chlorure d'argent, noircissant à la lumière.

EAU POTABLE

Une eau, pour être potable, doit être limpide, bien aérée et contenir une petite quantité de sels calcaires. Elle doit bien dissoudre le savon et cuire facilement les légumes.

AZOTE Az = 14
Synonyme : Nitrogène

PROPRIÉTÉS

C'est un gaz incolore, sans odeur et sans saveur, densité = 0,97. Très peu soluble dans l'eau. L'un des anciens gaz permanents.

Ses propriétés chimiques sont négatives. Ainsi l'azote n'est ni combustible, ni comburant. On le distingue de l'anhydride carbonique en ce qu'il ne trouble pas l'eau de chaux. Le gaz carbonique troublant l'eau de chaux pour former du carbonate de chaux insoluble.

L'azote peut cependant, sous l'influence de l'électricité, se combiner soit avec l'hydrogène, soit avec l'oxygène.

En présence des alcalis, l'azote peut se combiner avec le carbone pour former du cyanogène $C^2 Az^2$.

Malgré son peu d'affinité pour les corps en général, l'azote se combine directement à haute température avec le bore, pour former de l'azoture de bore, composé d'une remarquable stabilité.

Etat naturel. — L'azote est très répandu dans la nature. Il entre dans la composition de l'air pour les 4/5 environ.

PRÉPARATION

On peut retirer l'azote de l'air en faisant brûler du phosphore sous une cloche pleine d'air reposant sur la cuve à eau. Il se fome de l'anhydride phosphorique $Ph^2 O^5$ qui se dissout dans l'eau et il reste de l'azote. Ainsi préparé, l'azote n'est jamais pur, il contient un peu d'acide carbonique et des traces d'oxygène.

EXTRACTION DE L'AZOTE DE L'AIR

On l'obtient à l'état de pureté absolue en décomposant par la chaleur de l'azotite d'ammoniaque dans un ballon.

On le recueille sur la cuve à eau.

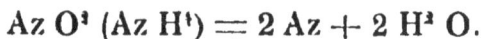

$$Az O^2 (Az H^4) = 2 Az + 2 H^2 O.$$

L'azote est sans usages.

AIR

L'air est un mélange d'oxygène et d'azote dans les proportions suivantes :

En volume	En poids
20,8 % d'oxygène.	23 d'oxygène.
79,2 % d'azote.	77 d'azote.

Indépendamment de l'oxygène et de l'azote, on trouve dans l'air un peu de vapeur d'eau et de gaz carbonique. Un nouveau métalloïde, l'Argon, a été découvert dans l'azote atmosphérique.

PROPRIÉTÉS

L'air est incolore sous une petite épaisseur et d'un bleu indigo sous une épaisseur plus grande. La densité de l'air par rapport à l'eau $= \frac{1}{773}$. Un litre d'air à 0° et 760^{mm} pèse 1^{gr},293, à t° et H pression son poids est donné par la formule :

$$P = V \times 1,293 \times \frac{H}{760} \times \frac{1}{1 + \alpha\, t}$$

Les propriétés chimiques de l'air sont celles de l'oxygène atténuées par la présence de l'azote.

COMPOSITION DE L'AIR

Expérience de Lavoisier. — Lavoisier établit le premier la composition de l'air. Il chauffa du mercure vers 350° dans un ballon de verre dont le col

recourbé s'engageait sous une cloche graduée contenant un volume d'air déterminé et reposant sur
la cuve à mercure. Il se forma à la surface

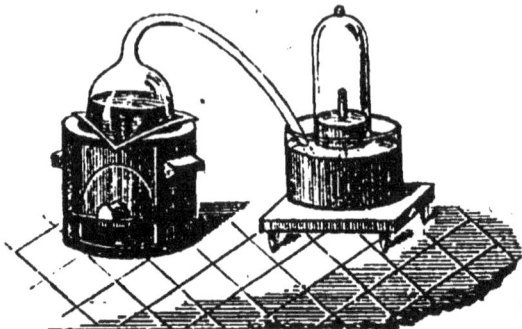

du mercure un grand nombre de pellicules rouges.
Au bout de douze jours, il remarqua que le 1/6
environ du volume d'air avait disparu. Le gaz res-
tant était impropre à la respiration et à la combustion : c'était l'azote. Quant aux pellicules
rouges, chauffées dans une petite cornue, elles don-
naient du mercure et un gaz éminemment propre
à entretenir la respiration : c'était l'oxygène.

ANALYSE PAR LE PHOSPHORE

On fait très rapidement l'analyse de l'air en
enflammant un petit morceau de phosphore dans
une cloche contenant un volume d'air déterminé
et reposant sur l'eau. Il se forme de l'anhydride
phosphorique $Ph^2 O^5$. Une fois l'appareil refroidi,
on peut constater qu'il reste 79 volumes d'azote
sur 100 volumes d'air soumis à l'expérience.

ANALYSE EUDIOMÉTRIQUE

On introduit dans l'eudiomètre à mercure 100 volumes d'air et 100 volumes d'hydrogène. Après le passage de l'étincelle, on constate qu'il reste 137 volumes. 63 volumes ont donc disparu pour former de l'eau. Dans ces 63 volumes disparus, il y avait 21 volumes d'oxygène. Les 100 volumes d'air soumis à l'expérience contenaient donc 21 volumes d'oxygène.

ANALYSE EN POIDS
Procédé Dumas et Boussingault

L'appareil se compose d'un ballon de verre de 10 à 15 litres de capacité dans lequel on a fait le vide et qui communique avec un tube contenant

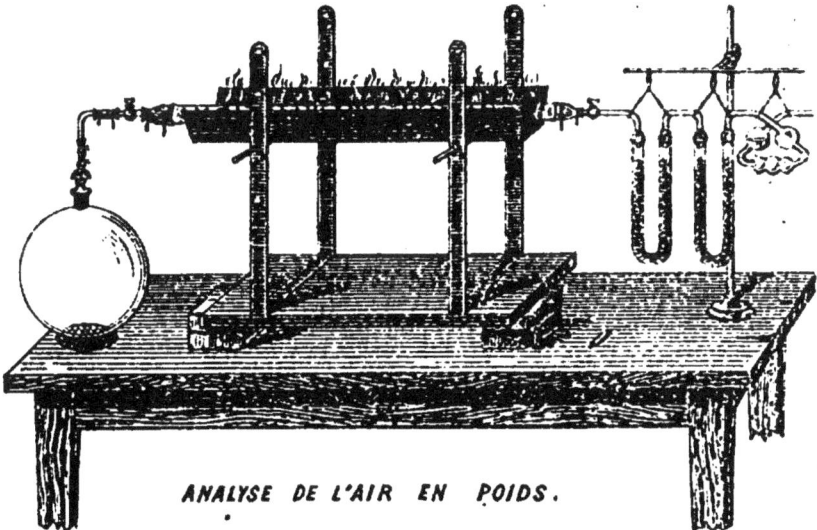

ANALYSE DE L'AIR EN POIDS.

du cuivre que l'on chauffe au rouge. En R r' r'' sont des robinets. Le tube horizontal est mis en com-

munication avec l'air extérieur par les tubes en U
contenant l'un de la potasse caustique, l'autre de
l'acide sulfurique. On ouvre lentement les robinets r'' r' et R, l'air extérieur passe alors dans les
tubes en U où il se dépouille de l'acide carbonique
et de la vapeur d'eau qu'il contient et vient aban-
donner son oxygène à la tournure de cuivre pour
former de l'oxyde de cuivre. L'azote se précipite
dans le ballon. On arrête l'opération avant que
tout le cuivre ait noirci.

L'augmentation de poids du ballon donne le
poids de l'azote qui s'y trouve. A ce poids il faut
ajouter le poids de l'azote qui est demeuré dans le
tube horizontal. Cela fait, l'augmentation du poids
du tube donne le poids de l'oxygène.

Pour déterminer le poids de l'anhydride carbonique, on fait passer un volume d'air déterminé
sur des tubes contenant de la potasse. L'augmentation de poids des tubes donne le poids du gaz
carbonique. On trouve ainsi que le volume de
l'anhydride carbonique est d'environ les $\frac{3}{1000}$ du
du volume total.

Quant au dosage de la vapeur d'eau, voyez Phy-
sique (hygrométrie.)

L'AIR EST UN MÉLANGE

L'air n'est pas une combinaison d'oxygène et
d'azote mais un simple mélange de ces deux gaz.

En effet : 1° Il n'y a pas un rapport simple entre
les quantités d'oxygène et d'azote qui entrent dans

la composition de l'air. 2° Il n'y a ni dégagement ni absorption de chaleur quand on reproduit l'air en mélangeant les deux gaz. 3° Enfin, et cette preuve est la plus importante, l'air dissous dans l'eau est altéré dans sa composition. Cet air est formé de 33 % d'oxygène et de 67 % d'azote. Chaque gaz s'étant dissous comme s'il était seul, suivant son propre coefficient de solubilité.

COMPOSÉS OXYGÉNÉS DE L'AZOTE

L'azote forme avec l'oxygène six composés actuellement connus :

Le protoxyde d'azote	$Az^2 O$	ou oxyde azoteux.
Le bioxyde d'azote	$Az O$	ou oxyde azotique.
L'anhydride azoteux	$Az^2 O^3$.	
Le peroxyde d'azote	$Az O^2$.	
L'anhydride azotique	$Az^2 O^5$;	
L'anhydride perazotique	$Az O^3$.	

Au contact de l'eau les anhydrides azoteux et azotique donnent les acides azoteux et azotique.

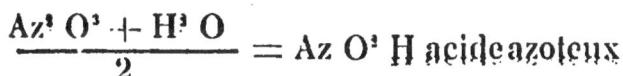

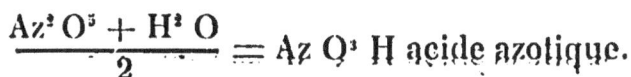

$$\frac{Az^2 O^3 + H^2 O}{2} = Az O^2 H \text{ acide azoteux}$$

$$\frac{Az^2 O^5 + H^2 O}{2} = Az O^3 H \text{ acide azotique.}$$

L'anhydride perazotique ne donne pas d'acide.

Tous les composés oxygénés de l'azote sont décomposés par la chaleur. Le plus fixe est le peroxyde d'azote.

Nous étudierons seulement les oxydes azoteux et azotique, le péroxyde d'azote et l'acide azotique.

PROTOXYDE D'AZOTE OU OXYDE AZOTEUX

$$Az^2 O = 44$$

Synonyme : gaz hilarant

PROPRIÉTÉS

Gaz incolore, sans odeur, d'une saveur sucrée. Densité 1,52 sensiblement égale à celle du gaz carbonique. Peu soluble dans l'eau.

Le protoxyde d'azote produit lorsqu'on le respire une sorte d'ivresse agréable (gaz hilarant de Davy); si l'action se prolonge, anesthésie.

La chaleur transforme le protoxyde d'azote en peroxyde d'azote

$$2 Az^2 O = 3 Az + Az O^2$$

A une température plus élevée, il se décompose en azote et oxygène

$$Az^2 O = 2 Az + O$$

A haute température, il entretient la combustion. On pourrait le confondre avec l'oxygène. On l'en distingue au moyen du bioxyde d'azote qui, avec l'oxygène, donne des vapeurs rutilantes de peroxyde d'azote, mais qui ne donne aucune réaction avec le protoxyde d'azote.

COMPOSITION

On établit la composition du protoxyde d'azote en introduisant dans une cloche courbe contenant Az^2O, un fragment de sulfure de Baryum. En chauffant, Ba S absorbe l'oxygène pour former du sulfate de Baryte. Il reste l'azote, et l'on constate que le volume du gaz n'a pas changé. Ainsi un volume de protoxyde d'azote contient un volume d'azote.

Si de la densité de Az^2O . . . 1,527
on retranche la densité de Az. . 0,972
                                 _____
on obtient la demi-densité de O. 0,555

Donc un volume de protoxyde d'azote contient un volume d'azote et un demi volume d'oxygène.

PRÉPARATION

On prépare le protoxyde d'azote en chauffant doucement dans une cornue de l'azotate d'ammoniaque. Le protoxyde d'azote se dégage, et il

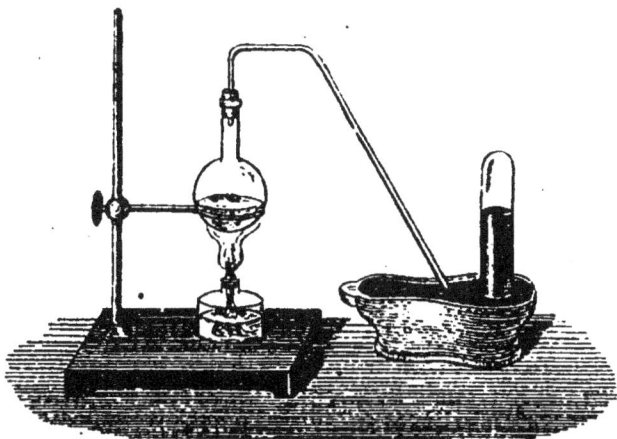

PRÉPARATION DU PROTOXYDE D'AZOTE

reste de l'eau dans la cornue. On recueille ce gaz sur la cuve à eau.

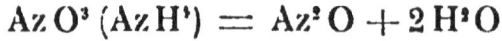

$$Az\,O^3\,(Az\,H^1) = Az^2\,O + 2\,H^2\,O$$

Usages. — Le protoxyde d'azote est employé quelquefois en chirurgie comme anesthésique, au même titre que le chloroforme.

BIOXYDE D'AZOTE OU OXYDE AZOTIQUE

$$Az\,O = 30$$

PROPRIÉTÉS

C'est un gaz incolore. On ne peut connaître ni son odeur ni sa saveur car, et c'est là son caractère le plus saillant, il se transforme, au contact de l'air, en péroxyde d'azote. Il est très peu soluble dans l'eau. C'était un des gaz réputés permanents. Densité 1,039. Au rouge vif, il est décomposé en ses éléments.

$$Az\,O = Az + O$$

Le bioxyde d'azote est comburant à un degré bien moindre que le protoxyde. L'oxygène et l'azote étant combinés plus fortement dans le bioxyde que dans le protoxyde. Il n'y a que les corps très avides d'oxygène, comme le charbon, le phosphore, etc., qui puissent brûler dans le bioxyde d'azote.

ANALYSE DU BIOXYDE D'AZOTE

L'analyse du bioxyde d'azote se fait comme celle du protoxyde. Après l'expérience on constate que le volume du gaz est réduit de moitié.

Si de la densité de AzO. . . . 1,039
on retranche la $\frac{1}{2}$ densité de Az. 0,485

on obtient la demi-densité de O. 0,554

Donc 1 volume de bioxyde d'azote contient $\frac{1}{2}$ volume d'azote et $\frac{1}{2}$ volume d'oxygène sans condensation.

PRÉPARATION

On prépare ce gaz en faisant agir à la température ordinaire de l'acide azotique étendue sur de

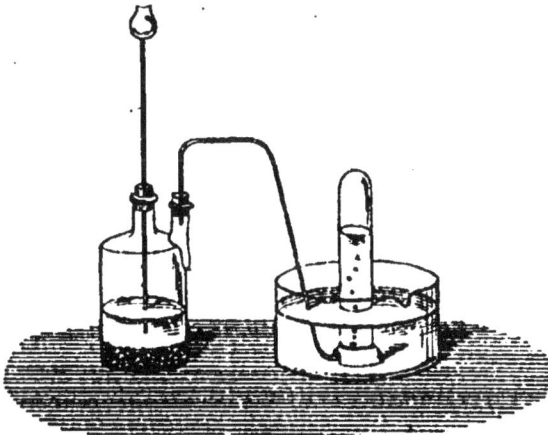

PRÉPARATION DU BIOXYDE D'AZOTE

la tournure de cuivre. On le recueille sur la cuve à eau, et il reste dans le flacon de l'azotate de cuivre et de l'eau. L'azotate se dissout en colorant la liqueur en bleu.

$$3\,Cu + 8\,(AzO^3H) = 2\,AzO + 3\,(AzO^3)^2\,Cu + 4\,H^2O$$

Usages. — Le bioxyde d'azote joue un rôle important dans la préparation de l'acide sulfurique.

PEROXYDE D'AZOTE

$$Az\,O^4 = 48$$

Synonyme : Acide hypoazotique.

C'est un liquide jaune rougeâtre, très caustique qui bout à 22°. Il donne des vapeurs rutilantes. Densité 1, 5.

L'acide hypoazotique est le plus fixe des composés oxygénés de l'azote.

Ce n'est pas un véritable acide. Il ne forme pas de sels. En présence des bases, la potasse par exemple, il donne à la fois de l'azotite et de l'azotate de potasse.

$$2\,AzO^3 + 2\,KOH = AzO^3K + AzO^4K + H^2O$$

Avec une petite quantité d'eau froide, la réaction est analogue.

$$2\,AzO^3 + H^2O = AzO^3H + AzO^2H$$

Si l'on augmente la quantité d'eau et si la température est supérieure à 10°, il se forme de l'acide azotique et du bioxyde d'azote. Cette réaction est utilisée dans la préparation de l'acide sulfurique.

COMPOSITION

On établit la composition du peroxyde d'azote en faisant passer sa vapeur sur du cuivre chauffé au rouge. On pèse l'oxyde de cuivre produit et on mesure le volume de l'azote qui se dégage.

PRÉPARATION

On prépare le peroxyde d'azote en décomposant dans une cornue de l'azotate de plomb parfaitement desséché. La cornue communique avec un tube en U entouré d'un mélange réfrigérent.

$$(Az\,O^3)^2\,Pb = 2\,Az\,O^2 + Pb\,O + O$$

L'oxygène se dégage par l'extrémité du tube.

ACIDE AZOTIQUE $Az\,O^3\,H = 63$
Synonyme : Acide nitrique. — Eau forte
Découvert par Raymond Lulle.

On connaît l'acide monohydraté ou concentré, $Az\,O^3\,H$ et l'acide ordinaire ou quadrihydraté $2\,Az\,O^1 + 3\,H^2\,O$.

La densité du premier est 1,52, celle du second 1,42.

L'acide azotique est un acide très énergique. Il communique au papier de tournesol une coloration pelure d'oignon, teinte caractéristique des acides énergiques. Il corrode la peau en la colorant en jaune.

La chaleur décompose l'acide nitrique en oxygène et acide hypoazotique. La lumière agit de même, mais sur l'acide monohydraté seulement, car elle ne décompose pas l'acide quadrihydraté.

L'acide azotique est un corps oxydant, car en passant à l'état d'acide hypoazotique, il abandonne une partie de son oxygène qui peut se fixer sur le corps à oxyder.

L'hydrogène, le phosphore, le charbon et la plupart des métaux attaquent l'acide azotique. Avec les métaux, il y a formation d'azotate du métal et dégagement soit de bioxyde d'azote, soit de protoxyde d'azote, ou même d'azote avec les métaux très oxydables.

$$3 Cu + 8(Az O^3 H) = 2 AzO + 3 [(AzO^3)^2 Cu] + 4 H^2 O$$

L'or, le platine et quelques autres métaux ne sont pas attaqués par l'acide azotique. Mais un mélange d'acide azotique et d'acide chlorhydrique (eau régale) attaque l'or et le platine.

Le Rhodium et l'Iridium sont les seuls métaux qui résistent à l'action de l'eau régale.

COMPOSITION

Cavendish a déterminé la composition de l'acide azotique en faisant passer une série d'étincelles électriques dans un tube contenant de la chaux, de l'oxygène et un excès d'azote. Il se forme de l'azotate de chaux, et il reste de l'azote. On voit ainsi la quantité d'azote qui s'est combiné avec l'oxygène.

PRÉPARATION

On prépare l'acide azotique en décomposant l'azotate de potasse par l'acide sulfurique.

PRÉPARATION DE L'ACIDE AZOTIQUE

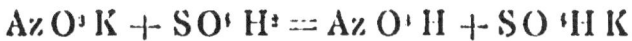

$$Az\,O^3\,K + SO^4\,H^2 = Az\,O^5\,H + SO^4\,H\,K$$

USAGES

L'acide azotique sert à la préparation de l'acide sulfurique, à la gravure sur cuivre, etc.

GAZ AMMONIAC Az H³ = 17

PROPRIÉTÉS

C'est un gaz incolore, d'une odeur piquante et d'une saveur âcre. Densité = 0,6. Extrêmement soluble dans l'eau qui en dissout mille fois son volume à la température ordinaire. Il se liquéfie à 40° sous la pression atmosphérique.

La chaleur et l'électricité décomposent le gaz ammoniac. Ce gaz ne brûle pas dans l'air mais il peut brûler dans l'oxygène.

Le chlore l'attaque en donnant de l'azote et du chlorhydrate d'ammoniaque.

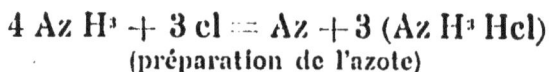

$$4 \text{ Az H}^3 + 3 \text{ cl} = \text{Az} + 3 (\text{Az H}^3 \text{ Hcl})$$

(préparation de l'azote)

Si le chlore était en excès, il se formerait du chlorure d'azote Az Cl³, composé très explosible.

La dissolution du gaz ammoniac ou alcali volatil est une base qui bleuit fortement la teinture du tournesol et forme des sels en neutralisant les acides. Ces sels sont isomorphes des sels de potasse. En considérant comme un métal composé le groupement (Az H⁴) (ammonium), on peut attribuer aux sels ammoniacaux la même formule qu'aux sels de potasse. Ainsi au lieu d'écrire azotate d'ammoniaque AzO³H (AzH³) on peut écrire Az O³ (Az H⁴).

De même au lieu d'écrire chlorhydrate d'ammo-

niaque AzH³HCl, on peut écrire (Az H⁴) cl analogue à K Cl.

L'ammonium n'a pas été isolé ; mais on peut
l'obtenir à l'état d'amalgame en traitant le chlorhydrate d'ammoniaque ou chlorure d'ammonium
par un amalgame de potassium.

PRÉPARATION DU GAZ AMMONIAC

On prépare ce gaz en décomposant le chlorhydrate d'ammoniaque par la chaux vive.

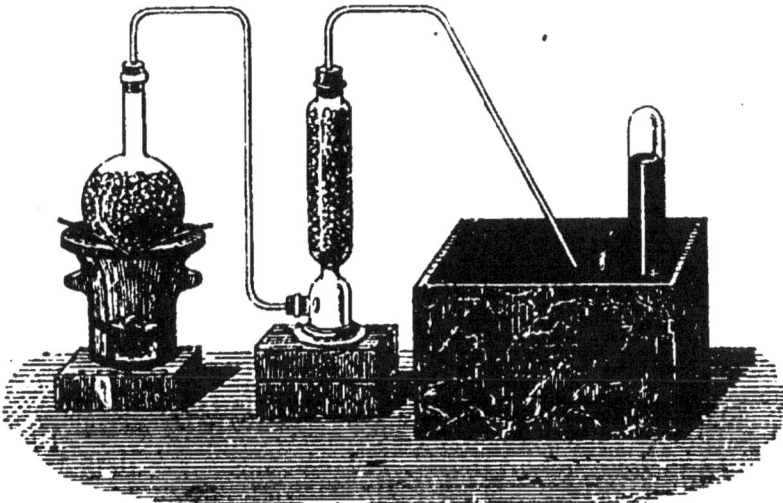

PRÉPARATION DU GAZ AMMONIAC

$$2 (Az H^4 Cl) + Ca O = Ca Cl^2 + H^2 O + 2 Az H^3$$

On dessèche le gaz et on le recueille sur la cuve à
mercure.

Pour l'avoir en dissolution, on le fait passer
dans une série de flacons de Woolf contenant de
l'eau.

USAGES

L'ammoniaque est employée dans les laboratoires. On s'en sert en médecine comme caustique. C'est un dissolvant des graisses, etc.

FLUOR Fl = 19

C'est un gaz extrêmement fluide, d'une couleur jaunâtre, d'une odeur rappelant celle du chlore. Densité 1,26.

Le fluor attaque énergiquement les métalloïdes et les métaux à la température ordinaire, à l'exception de l'or et du platine qui ne sont attaqués que vers 500°.

Extrêmement avide d'hydrogène, il s'unit à ce corps avec explosion, même dans l'obscurité, pour former de l'acide fluorhydrique H Fl.

Il décompose tous les corps qui contiennent de l'hydrogène.

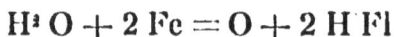

$$H^2 O + 2 Fe = O + 2 H Fl$$

M. Moissan est parvenu à isoler le fluor en 1886. Il a obtenu ce corps en décomposant, par un courant électrique, de l'acide fluorhydrique placé dans un tube en U en platine. Ce tube est fermé par des bouchons en fluorure de calcium (Ca Fl^2) (spath fluor). Les électrodes sont en platine. Deux tubes de dégagement en platine placés vers la partie supérieure du tube, laissant dégager au pôle positif du fluor et au pôle négatif de l'hydrogène. L'appareil est refroidi par du chlorure de méthyle.

ACIDE FLUORHYDRIQUE

PROPRIÉTÉS

C'est un gaz qui répand à l'air d'abondantes fumées blanches. Il est liquide à la pression ordinaire au-dessus du 15°. Densité à l'état liquide, 1,06. Très avide d'eau. Il produit sur la peau des ampoules très douloureuses. Sa vapeur est tout aussi dangereuse.

L'acide fluorhydrique n'attaque aucun métalloïde, excepté le bore et le silicium ; mais il attaque la plupart des métaux.

Sa propriété la plus remarquable est l'action qu'il exerce sur la silice (acide silicique) $Si\ O^2$. Il donne de l'eau et du fluorure de silicium.

$$Si\ O^2 + 4\ H\ Fl = Si\ Fl^4 + 2\ H^2\ O$$

PRÉPARATION

On prépare l'acide fluorhydrique en chauffant dans une cornue en plomb un mélange de fluorure de calcium naturel (spath fluor) et d'acide sulfurique. L'acide est recueilli dans un tube également en plomb et entouré de glace.

$$Ca\ Fl^2 + S\ O^4\ H^2 = S\ O^4\ Ca + 2\ H\ Fl$$

USAGES

L'acide fluorhydrique est utilisé pour la gravure sur verre. On recouvre le verre d'une couche mince de vernis qu'on enlève en certains points, puis on l'expose aux vapeurs d'acide fluorhydrique.

CHLORE Cl = 35, 5

PROPRIÉTÉS

C'est un gaz jaune-verdâtre, d'une odeur suffocante. Il provoque la toux et des crachements de sang. Densité 2,44. Soluble dans l'eau.

Le chlore a peu d'affinité pour l'oxygène. Il ne peut se combiner avec ce gaz que par des voies détournées. Le corps pour lequel le chlore a le plus d'affinité est l'hydrogène. Volumes égaux de chlore et d'hydrogène se combinent immédiatement à la lumière solaire, et une violente explosion se produit. A la lumière diffuse, la combinaison s'effectue, mais lentement.

Le chlore décompose la vapeur d'eau au rouge, avec formation d'acide chlorhydrique.

$$2\,Cl + H^2 O = 2\,H\,Cl + O$$

Le phosphore s'enflamme immédiatement dans un flacon rempli de chlore en produisant du chlorure de phosphore. Il en est de même de l'arsenic et de l'antimoine. La plupart des métaux sont attaqués par le chlore. Le gaz ammoniac s'enflamme dans le chlore. Il se forme de l'azote et du chlorhydrate d'ammoniaque.

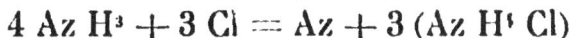

$$4 \, Az \, H^3 + 3 \, Cl = Az + 3 \, (Az \, H^4 \, Cl)$$

Si le chlore était en excès, il se formerait un composé explosif, le chlorure d'azote $Az \, Cl^3$.

Le chlore décompose l'acide sulfhydrique.

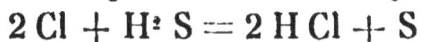

$$2 \, Cl + H^2 \, S = 2 \, H \, Cl + S$$

Le chlore détruit toutes les matières colorantes d'origine organique.

Le chlore n'existe pas dans la nature à l'état de liberté, mais il entre à l'état de chlorure dans un grand nombre de composés.

PRÉPARATION

On prépare le chlore en chauffant légèrement du bioxyde de manganèse avec de l'acide chlorhydrique. On le recueille dans l'air en utilisant sa grande densité.

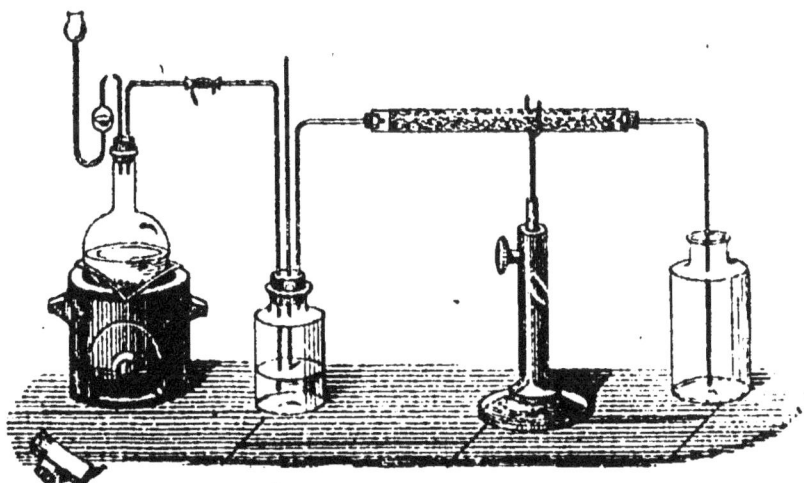

PRÉPARATION DU CHLORE

$$Mn\,O^2 + 2\,HCl = 2\,Cl + Mn\,Cl^2 + 2\,H^2O$$

C'est le procédé de Scheele.

Berthollet le préparait en chauffant du bioxyde de manganèse avec du chlorure de sodium et de l'acide sulfurique.

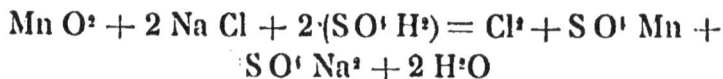

$$Mn\,O^2 + 2\,Na\,Cl + 2\,(S\,O^4\,H^2) = Cl^2 + S\,O^4\,Mn +$$
$$S\,O^4\,Na^2 + 2\,H^2O$$

USAGES

Le chlore est employé comme désinfectant. On s'en sert aussi pour blanchir les étoffes de lin et de coton, etc.

ACIDE CHLORHYDRIQUE H Cl = 36,5

PROPRIÉTÉS

C'est un gaz d'une odeur piquante et d'une saveur acide. Densité 1,27. Il est extrêmement soluble dans l'eau. C'est un acide très énergique.

La chaleur le dissocie à très haute température.

Les métalloïdes sont sans action sur l'acide chlorhydrique, sauf l'oxygène qui peut à haute température lui enlever l'hydrogène qu'il contient.

$$2\,HCl + O = H^2O + 2\,Cl$$

Presque tous les métaux le décomposent, les uns à

froid, les autres à des températures plus ou moins élevées.

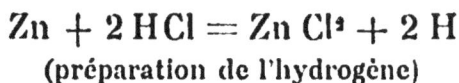

$$Zn + 2 HCl = Zn Cl^2 + 2 H$$

(préparation de l'hydrogène)

COMPOSITION

On fait l'analyse de l'acide chlorhydrique en chauffant dans une cloche courbe contenant un volume déterminé de ce gaz, un fragment d'étain. Après l'opération on constate que le volume est réduit de moitié.

Si de la densité de l'acide chlorhydrique . 1,270
on retranche la demi-densité de l'hydrogène 0,035

Il reste. 1,235

qui est la demi-densité du chlore.

Ainsi un volume d'acide chlorhydrique est formé de $1/2$ volume d'hydrogène et de $1/2$ volume de chlore. En d'autres termes, l'acide chlorhydrique est formé à volumes égaux de chlore et d'hydrogène unis sans condensation.

PRÉPARATION

On prépare l'acide chlorhydrique en décomposant le chlorure de sodium par l'acide sulfurique. On recueille ce gaz sur la cuve à mercure.

$$Na Cl + SO^4H^2 = HCl + SO^4NaH$$

On obtient ce gaz en dissolution en le faisant passer dans une suite de flacons de Woolf.

USAGES

L'acide chlorhydrique est employé dans les laboratoires comme réactif. Il est employé en médecine
comme caustique. Il sert à préparer le chlore et
les chlorures. Il entre dans la composition de
l'eau régale, etc.

―――――

BROME Br = 80

C'est un liquide rouge brun, d'une odeur re-
poussante (βρωμος, puanteur). Densité 2,97.

Il est peu soluble dans l'eau, mais très soluble
dans l'éther et le chloroforme.

Le brome est chimiquement analogue au chlore.
Il est très avide d'hydrogène avec lequel il forme
de l'acide bromhydrique analogue à l'acide chlorhydrique ; mais la combinaison de ces deux corps
ne s'effectue pas sous la simple influence des
rayons solaires. Il faut une température élevée.—
Ainsi l'affinité du brome pour l'hydrogène est
moindre que celle du chlore.

On prépare le brome comme on prépare le
chlore, en attaquant le bioxyde de manganèse par
un mélange de bromure de potassium ou de
sodium et d'acide sulfurique.

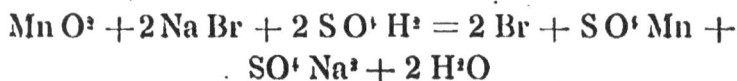

$$Mn\,O^2 + 2\,Na\,Br + 2\,S\,O^4\,H^2 = 2\,Br + S\,O^4\,Mn +$$
$$SO^4\,Na^2 + 2\,H^2O$$

USAGES

Le brome est employé en photographie. On s'en sert en médecine à l'état de bromure de potassium ou de sodium pour combattre l'épilepsie et les névroses, etc.

IODE I = 127

L'iode est un corps solide, gris d'acier. Densité 4,95. Il bout vers 180°, mais se sublime facilement. Peu soluble dans l'eau, il se dissout assez bien dans l'alcool et dans l'éther. Sa vapeur violette est très lourde.

L'iode est chimiquement analogue au chlore et au brome ; mais son affinité pour l'hydrogène est moindre que celle de ces deux corps. L'acide iodhydrique est analogue aux acides chlorhydrique et bromhydrique.

Réactif de l'Iode. — Le réactif de l'iode est l'amidon en dissolution ; il se forme de l'iodure d'amidon d'une couleur bleue très intense.

L'iode et le brome existent à l'état d'iodures et de bromures dans les cendres des varechs.

PRÉPARATION

On prépare l'iode en attaquant le bioxyde de

manganèse par un mélange d'iodure de sodium et d'acide sulfurique.

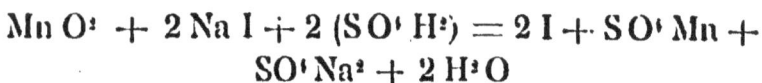

$$Mn\,O^2 + 2\,Na\,I + 2\,(S\,O^4\,H^2) = 2\,I + S\,O^4\,Mn + S\,O^4\,Na^2 + 2\,H^2\,O$$

UŠAGES

L'iode est employé en médecine isolément ou à l'état d'iodures. On s'en sert en photographie à l'état d'iodure d'argent.

CYANOGÈNE C²Az² ou Cy² = 52

Le cyanogène fournit le premier exemple d'un corps composé jouant dans ses combinaisons le rôle d'un corps simple. C'est un gaz incolore, d'une odeur rappelant celle du kirsch. Assez soluble dans l'eau, facilement liquéfiable. Très soluble dans l'alcool.

Il brûle avec une flamme pourpre en produisant de l'azote et de l'anhydride carbonique.

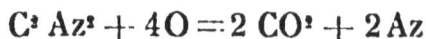

$$C^2\,Az^2 + 4O = 2\,CO^2 + 2\,Az$$

Le cyanogène a la plus grande analogie avec le chlore, le brome et l'iode.

Il entre dans la composition du bleu de Prusse, d'où son nom de cyanogène (κυανος bleu, γεννάω j'engendre).

Le carbone et l'azote ne s'unissent pas directement ; mais en présence des alcalis et à haute température, la combinaison de ces deux corps s'effectue. Ainsi un courant d'azote passant sur des charbons imprégnés de potasse formera du cyanogène qui restera uni au potassium pour former du cyanure de potassium.

PRÉPARATION

On prépare le cyanogène en chauffant légèrement, dans une petite cornue en verre, du cyanure de mercure parfaitement sec. Le cyanure se décompose en cyanogène, que l'on recueille sur la cuve à mercure, et en mercure qui se dépose sous la forme de gouttelettes dans la partie supérieure de la cornue.

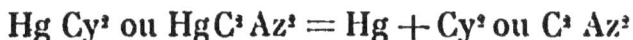

$$Hg\ Cy^2 \text{ ou } HgC^2Az^2 = Hg + Cy^2 \text{ ou } C^2\ Az^2$$

Après l'opération, il reste dans la cornue une matière brune, pulvérulente, présentant la même composition que le cyanogène et à laquelle, pour cette raison, on a donné le nom de paracyanogène.

USAGES

Le cyanogène est employé à l'état de cyanure d'or et d'argent dans la dorure et l'argenture galvanique.

Le bleu de Prusse $Fe^7\ Cy^{18} + 9\ H^2\ O$ est employé comme matière colorante.

ACIDE CYANHYDRIQUE HcAz ou Hcy = 27

Synonyme : Acide prussique

PROPRIÉTÉS

C'est un liquide incolore, très soluble dans l'eau, d'une odeur rappelant celle des amandes amères. Il se solidifie à —15 et bout à 26°. Densité = 0,69.

L'acide cyanhydrique s'altère rapidement, surtout à la lumière.

Il est combustible, il brûle avec une flamme pourpre, en produisant de l'anhydride carbonique, de l'eau et de l'azote.

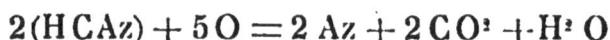

$$2(HCAz) + 5O = 2 Az + 2 CO^2 + H^2 O$$

C'est un acide faible. Il ne chasse pas le gaz carbonique des carbonates.

L'acide prussique est le plus violent de tous les poisons. Son action est instantanée. Quelques gouttes déposées dans l'œil d'un chien de forte taille suffisent pour le faire périr promptement.

L'acide cyanhydrique forme avec le fer un cyanure particulier appelé bleu de Prusse, $Fe^7 Cy^{18}$. C'est pourquoi on le désigne aussi sous le nom d'acide prussique.

Cet acide existe tout formé dans un grand nombre de plantes ; dans les feuilles du laurier-cerise, dans les amandes du pêcher, du cerisier, etc.

PRÉPARATION

On prépare l'acide cyanhydrique en chauffant dans un petit ballon du cyanure de mercure avec de l'acide chlorhydrique.

$$Hg\ Cy^2 + 2\ H\ Cl = 2\ H\ Cy + Hg\ Cl^2$$

On recueille la vapeur d'acide cyanhydrique dans un tube en U entouré de glace. Le tube horizontal contient du marbre et du calcium, pour retenir l'acide chlorhydrique et la vapeur d'eau entraînés pendant l'opération.

USAGES

On l'emploie étendue de dix fois son poids d'eau dans certaines maladies nerveuses.

SOUFRE S = 32

PROPRIÉTÉS

C'est un corps solide à la température ordinaire, d'une couleur jaune citron. Densité 2. Dimorphe. Insoluble dans l'eau, très soluble dans le sulfure de carbone.

Le soufre est mauvais conducteur de la chaleur et de l'électricité. Il fond vers 111°. Si la température s'élève il devient visqueux; au delà de 200°, il redevient fluide. Son point d'ébullition est d'environ 410°. D. vap. soufre = 2,2.

Le soufre brûle dans l'air à la température de 250°, en produisant de l'anhydride sulfureux SO_3.

Le soufre est chimiquement analogue à l'oxygène. Le cuivre, le fer chauffés, etc., brûlent dans la vapeur de soufre et produisent des sulfures analogues aux oxydes.

ÉTAT NATUREL

Le soufre est connu dès la plus haute antiquité. Il se trouve à l'état libre dans le voisinage des anciens volcans (Solfatares). On le sépare des matières terreuses avec lesquelles il est mélangé, par deux distillations successives. La première s'effectue sur place et donne le soufre brut. On le raffine par une nouvelle distillation.

PRÉPARATION

On peut encore extraire de la pyrite martiale FeS_2 qui, chauffée en vase clos, donne du soufre et de l'oxyde salin de fer Fe_3S_4.

$$3\,FeS_2 = 2\,S + Fe_3S_4.$$

USAGES

On emploie le soufre en médecine pour combattre la gale et certaines maladies de peau. Dans l'industrie, il sert à la fabrication de la poudre, de l'acide sulfureux, etc.

ANHYDRIDE SULFUREUX $SO_2 = 64$

PROPRIÉTÉS

C'est un gaz incolore, d'une saveur piquante. Il provoque la toux. Très soluble dans l'eau.

Il se liquéfie à — 10°. Densité 2,23.

Il n'entretient pas la combustion.

Il rougit la teinture du tournesol et la décolore ensuite. Ce pouvoir décolorant du gaz sulfureux s'exerce sur un grand nombre de couleurs végétales, mais la couleur revient au contact d'une solution alcaline.

L'hydrogène à une température élevée décompose l'anhydride sulfureux.

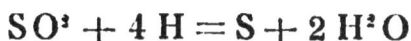

$$SO_2 + 4 H = S + 2 H_2O$$

L'oxygène humide transforme l'anhydride sulfureux en acide sulfurique.

L'acide azotique donne avec le gaz sulfureux de l'acide sulfurique ordinaire $SO_4 H_2$ et de l'acide hypoazotique.

$$SO_2 + 2 Az O_3 H = SO_4 H_2 + 2 Az O_2$$

COMPOSITION

On détermine la composition de l'anhydride sulfureux en introduisant dans un ballon plein d'oxygène et placé sur du mercure, un petit fragment de soufre que l'on allume au moyen d'une lentille. Le soufre brûle et donne de l'anhydride

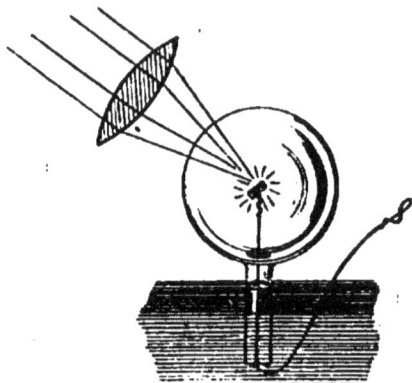

SYNTHÈSE DE L'ANHYDRIDE SULFUREUX

sulfureux. On constate que le volume ne change pas. On en conclut que l'anhydre sulfureux contient un volume d'oxygène égal au sien.

Si de la densité du gaz sulfureux . . 2,2340
on retranche la densité de l'oxygène . . 1,1056
il reste la 1/2 densité de la vapeur de soufre. 1,1284

Donc 2 volumes d'anhydride sulfureux sont formés de 2 volumes d'oxygène et de 1 volume de vapeur de soufre condensés en 2 volumes.

PRÉPARATION

Dans l'industrie on prépare ce gaz en brûlant du soufre dans l'air.

Dans les laboratoires on chauffe de l'acide sulfurique avec du mercure ou du cuivre.

$$Cu + 2(SO^4H^2) = SO^2 + SO^4Cu + 2H^2O$$

On le recueille sur la cuve à mercure.

USAGES

Le gaz sulfureux est employé en médecine.

Dans l'industrie, il sert à blanchir les étoffes, à préparer l'acide sulfurique, etc.

ANHYDRIDE SULFURIQUE S O³ = 80

Corps solide, blanc, très avide d'eau, qui répand à l'air d'abondantes vapeurs résultant de sa combinaison avec l'humidité de l'air.

On l'obtient par la distillation de l'acide de Nordhausen.

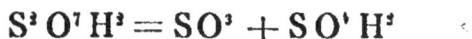

$$S^2 O^7 H^2 = SO^3 + S O^4 H^2$$

Cet acide de Nordhausen, appelé encore acide de Saxe, acide fumant, car il répand à l'air d'abondantes fumées blanches, provient lui-même de la calcination du sulfate de fer $SO^4 Fe$. Le résidu de la préparation est le Colcothar ou rouge d'Angleterre qui sert à polir les métaux.

ACIDE SULFURIQUE ORDINAIRE
$$SO^4 H^2 = 98$$
Synonyme : Huile de vitriol.

C'est un liquide incolore quand il est pur, d'une consistance oléagineuse. Densité 1,84. Il bout vers 325°.

Il est décomposable par la chaleur à haute température.

$$SO^4H^2 = H^2O + SO^2 + O$$

L'hydrogène agit de trois façons différentes sur l'acide sulfurique. A la chaleur rouge, si l'acide est en excès, il se forme de l'acide sulfureux et de l'eau,

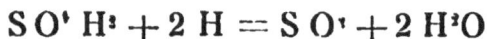

$$S O^4 H^2 + 2 H = S O^2 + 2 H^2O$$

Si c'est l'hydrogène qui est en excès, on a un dépôt de soufre,

$$S O^4 H^2 + 6 H = S + 4 H^2O$$

Si la température est moins élevée, le dépôt de soufre est remplacé par de l'acide sulfhydrique,

$$S O^4 H^2 + 8 H = H^2 S + 4 H^2O$$

Le charbon donne, avec l'acide sulfurique, un mélange d'anhydride sulfureux et d'anhydride carbonique,

$$C + 2 (S O^4 H^2) = 2 S O^2 + C O^2 + 2 H^2O$$

La plupart des métaux attaquent l'acide sulfurique ; les uns, comme le zinc et le fer, produisent de l'hydrogène, les autres du gaz sulfureux,

$$Zn + S O^4 H^2 = S O^4 Zn + 2 H$$

(préparation de l'hydrogène).

$$Cu + 2 (S O^4 H^2) = SO^4 Cu + 2 H^2 O + S O^2$$

(préparation de l'anhydride sulfureux).

L'acide sulfurique est très avide d'eau. On l'emploie pour dessécher les gaz.

COMPOSITION

Pour déterminer la composition de l'acide sulfurique, on fait passer sa vapeur dans un tube de porcelaine chauffé au rouge et l'on obtient un mélange de gaz sulfureux et d'oxygène. On absorbe le gaz sulfureux par la potasse et on remarque que le volume du gaz est réduit au tiers du volume primitif. L'anhydride sulfurique est donc formé de deux volumes de SO^2 pour 1 vol. de O. Et comme 2 volumes de $S O^2$ contiennent 1 volume de vapeur de soufre pour 2 volumes d'oxygène, on voit que l'anhydride sulfurique est formé de 1 volume de vapeur de soufre et de 3 volumes d'oxygène.

PRÉPARATION

La préparation exclusivement industrielle de l'acide sulfurique se fait dans de vastes chambres à parois en plomb (Chambres de Plomb). Elle repose sur la transformation du gaz sulfureux en acide sulfurique, en présence de l'eau et aux dépens des composés oxygénés de l'azote.

En présence de l'anhydride sulfureux, de l'air et

de l'eau, le bioxyde d'azote se transforme en sulfate de nitrosyle que l'on nomme encore cristaux des chambres de plomb, d'après la réaction

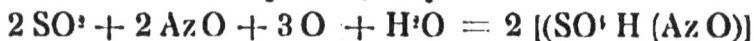

$$2 SO^2 + 2 Az O + 3 O + H^2O = 2 [(SO^4 H (Az O)]$$

Le sulfate de nitrosyle, à son tour, se décompose au contact d'un excès d'eau en produisant de l'acide azoteux et de l'acide sulfurique.

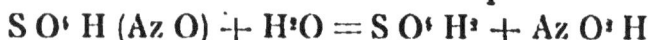

$$S O^4 H (Az O) + H^2O = S O^4 H^2 + Az O^3 H$$

Puis l'acide azoteux $Az O^3 H$ reproduit le sulfate de nitrosyle en présence de l'oxygène et du gaz sulfureux.

$$Az O^3 H + S O^2 + O = S O^4 H (Az O)$$

On est ainsi ramené au point de départ. Théoriquement il semble que la réaction se continue indéfiniment, mais il n'en est pas ainsi dans la pratique; il y a toujours des pertes.

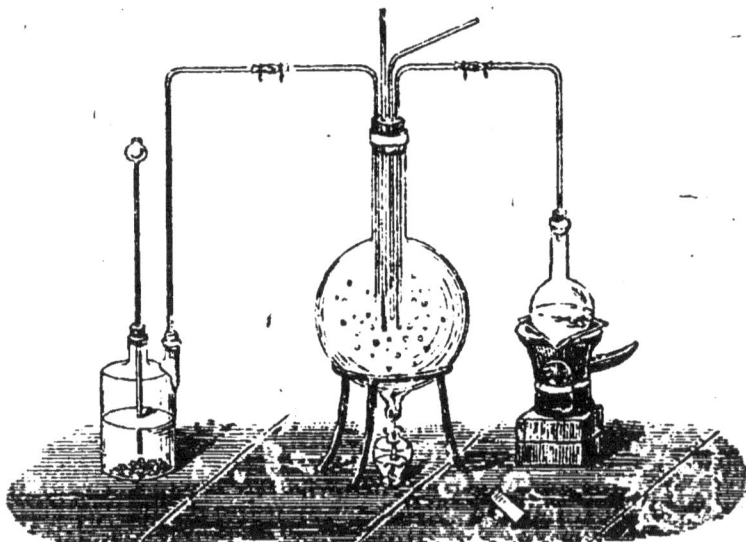

PRÉPARATION DE L'ACIDE SULFURIQUE DANS LES LABORATOIRES

Dans les laboratoires, on reproduit ces expériences en faisant arriver dans un grand ballon de verre, au fond duquel il y a de l'eau, du bioxyde d'azote et de l'anhydride sulfureux.

Deux tubes t' et t servent à introduire et à renouveler l'air dans le grand ballon.

USAGES

L'acide sulfurique est le plus employé de tous les acides. Il sert à la préparation de l'acide azotique, de l'acide chlorhydrique, de l'éther, de l'alun, etc.

ACIDE SULFHYDRIQUE $H_2 S = 34$

Synonyme : Hydrogène sulfuré.

PROPRIÉTÉS

C'est un gaz incolore, d'une odeur fétide, rappelant celle des œufs pourris. Assez soluble dans l'eau. Densité 1,2 environ.

C'est un acide faible, il fait passer la teinture du tournesol au rouge vineux.

L'acide sulfhydrique est combustible. Il brûle en produisant de l'eau et de l'anhydride sulfureux.

$$H_2 S + 2 O = S O_2 + H_2 O$$

C'est un des poisons les plus violents. Il cause l'asphyxie (plomb) qui frappe les ouvriers employés au curage des fosses d'aisances. Son contre-poison est le chlore qui décompose l'acide sulfhydrique et produisant de l'acide chlorhydrique et un dépôt de soufre.

$$H^2S + 2\,Cl = 2\,H\,Cl + S$$

Le brome et l'iode agissent d'une façon analogue.

La plupart des métaux décomposent l'hydrogène sulfuré pour former des sulfures et mettre l'hydrogène en liberté.

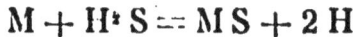

$$M + H^2\,S = M\,S + 2\,H$$

COMPOSITION

Pour faire l'analyse de l'acide sulfhydrique, on décompose au moyen de l'étain un volume déterminé de ce gaz placé dans une cloche courbe reposant sur la cuve à mercure. Il se forme du sulfure d'étain et l'hydrogène est mis en liberté. Le volume d'hydrogène qui reste est le même que celui de l'acide sulfhydrique employé. L'hydrogène sulfuré contient donc un volume d'hydrogène égal au sien. Si de la densité de l'acide sulfhydrique. . 1,1912 on retranche la densité de l'hydrogène . . 0,0693

on obtient la demi-densité de la vapeur
du soufre 1,1217

Donc 2 volumes d'acide sulfhydrique sont formés de 2 volumes d'hydrogène et de 1 volume de vapeur de soufre.

Ce gaz est chimiquement analogue à l'eau.

PRÉPARATION

On prépare l'acide sulfhydrique en décomposant par l'acide chlorhydrique étendu le sulfure de fer (Fe S)

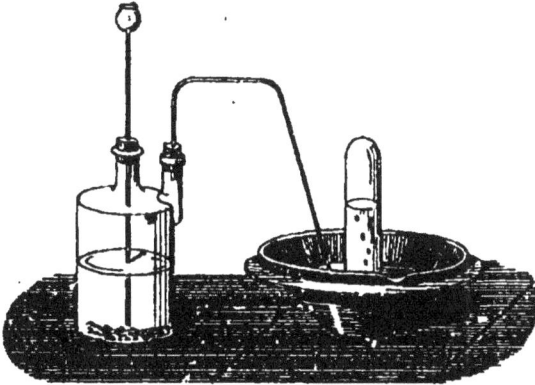

PRÉPARATION DE L'ACIDE SULFHYDRIQUE PAR LE SULFURE DE FER ET L'ACIDE CHLORYDRIQUE

$$Fe\ S + 2\ H\ Cl = H^2S + FeCl^2$$

On l'obtient aussi en chauffant légèrement du sulfure d'antimoine Sb^2S^3 avec de l'acide chlorhydrique.

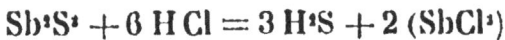

$$Sb^2S^3 + 6\ H\ Cl = 3\ H^2S + 2\ (SbCl^2)$$

USAGES

L'acide sulfhydrique est employé comme réactif dans l'analyse des sels. On l'emploie aussi en médecine.

PHOSPHORE Ph ou P = 31

PROPRIÉTÉS

C'est un corps solide, flexible, d'une odeur allia-cée, rayable à l'ongle, d'une couleur légèrement ambrée. Il est lumineux dans l'obscurité, d'où son nom de phosphore ($\varphi\omega\varsigma$ $\varphi\varepsilon\rho\omega$, je porte la lumière). Il est insoluble dans l'eau, peu soluble dans l'al-cool et dans l'éther, mais très soluble dans le sul-fure de carbone. Densité $= 1,8$. Il fond à 44° et bout à 290°. Densité de sa vapeur $= 4.35$.

Le phosphore a une grande affinité pour l'oxy-gène; dans l'air sec, il produit lentement et à froid de l'anhydride phosphoreux $Ph^2 O^3$; si l'air est humide, il se forme de l'acide phosphoreux $Ph O^3 H^3$.

Il s'enflamme à 70° dans l'air en donnant de l'an-hydride phosphorique $Ph^2 O^5$. Dans le chlore, il s'enflamme spontanément, avec formation de tri-chlorure ou de pentachlorure de phosphore $Ph Cl^3$ et $Ph Cl^5$.

Comme le phosphore prend feu au plus léger frottement, il faut prendre de grandes précautions pour manier ce corps. Aussi ne doit-on le couper que sous l'eau. Les brûlures qu'il produit sont très dangereuses.

Phosphore rouge. — Soumis pendant plusieurs jours en vase clos à une température d'environ

240°, le phosphore ordinaire se transforme en phosphore rouge, qui diffère du phosphore ordinaire par de nombreuses propriétés.

Tableau comparatif des principales propriétés du phosphore ordinaire et du phosphore rouge :

PHOSPHORE ORDINAIRE	PHOSPHORE ROUGE
Couleur ambrée.	Couleur rouge.
Densité 1,83.	Densité 2 environ.
Soluble dans le sulfure de carbone.	Insoluble dans le sulfure de carbone.
Cristallisé.	Amorphe.
S'enflamme à 60°.	Inflammable seulement à 260°.
Phosphorescent.	Non phosphorescent.
Poison violent.	Non vénéneux.

A la température de 260° en vase clos, le phosphore rouge repasse à l'état de phosphore ordinaire.

On peut dire d'une façon générale que les affinités chimiques du phosphore rouge sont bien moins vives que celles du phosphore ordinaire.

PRÉPARATION

On ne trouve pas dans la nature le phosphore à l'état de liberté ; mais il existe à l'état de combinaison dans un grand nombre de corps. On le trouve dans l'urine, les os, la matière cérébrale, etc.

On retire le phosphore des os. Les os sont formés de matières organiques, de carbonate de chaux et de phosphate tribasique de chaux $(Ph O')^2 Ca^3$. Par une calcination au contact de l'air, on détruit la matière organique. Il reste des *os blancs* formés de carbonate de chaux et de phosphate tribasique de chaux. On pulvérise ces os et on traite dans des cuves en plomb par de l'acide sulfurique étendu.

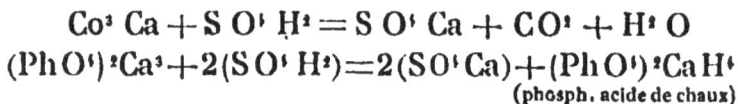

$$Co^3 Ca + S O' H^2 = S O' Ca + CO^3 + H^2 O$$
$$(Ph O')^2 Ca^3 + 2(S O' H^2) = 2(S O' Ca) + (Ph O')^2 Ca H^4$$
(phosph. acide de chaux)

Il se forme ainsi du sulfate de chaux et du phosphate monobasique de chaux appelé encore phosphate acide de chaux. Le sulfate de chaux, très peu soluble dans l'eau, se sépare du phosphate monobasique de chaux par filtration. On évapore, on ajoute à la masse desséchée 1/4 environ de son poids de charbon et on introduit le mélange dans des cornues en grès que l'on fait communiquer avec un flacon à moitié rempli d'eau.

PRÉPARATION DU PHOSPHORE

Pendant la dessiccation, le phosphate monobasique de chaux a perdu l'eau qu'il contenait et s'est transformé en métaphosphate de chaux. Chauffé avec du charbon, le métaphosphate de chaux donne du phosphore, de l'oxyde de carbone et reproduit le phosphate tribasique de chaux.

$$3 (Ph O^3)^2 Ca + 10 C = Ph^4 + 10 CO + (Ph O')^2 Ca^3.$$

USAGES

Le phosphore sert à la préparation de l'acide phosphorique et des phosphates. Mais son principal usage repose sur la fabrication des allumettes chimiques.

Dans les laboratoires, on se sert du phosphore pour faire l'analyse de l'air.

Composés Oxygénés du Phosphore

Les composés oxygénés du phosphore sont assez nombreux. Nous étudierons seulement l'acide phosphorique.

Acides Phosphoriques.

Il existe trois acides phosphoriques :

L'acide métaphosphorique ou monohydraté $Ph\, O^3\, H$.

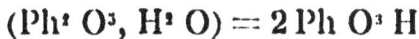

$$(Ph^2\, O^3,\, H^2\, O) = 2\, Ph\, O^3\, H$$

L'acide pyrophosphorique ou bihydraté $Ph^2O^7H^4$

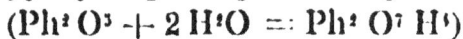

$$(Ph^2\, O^3 + 2\, H^2O = Ph^2\, O^7\, H^4)$$

L'acide orthophosphorique ou ordinaire, ou acide trihydraté $PhO^4\, H^3$.

$$Ph^2\, O^3 + 3\, H^2\, O = 2\, (Ph\, O^4\, H^3)$$

Acide Orthophosphorique : $Ph\, O^4\, H^3$.

C'est un corps solide, qui fond à 41°. Presque

toujours sirupeux. Il se distingue de l'acide métaphosphorique en ce qu'il ne coagule pas l'albumine, et de l'acide pyrophosphorique en ce qu'il précipite en jaune l'azotate d'argent.

L'acide pyrophosphorique et l'acide métaphosphorique donnent avec l'azotate d'argent un précipité blanc.

Chauffé à une température un peu supérieure à 200°, l'acide phosphorique perd une partie de l'eau qu'il contient et passe à l'état d'acide pyrophosphorique. A une température plus élevée il donne de l'acide métaphosphorique.

L'acide orthophosphorique est tribasique et peut former trois sels différents.

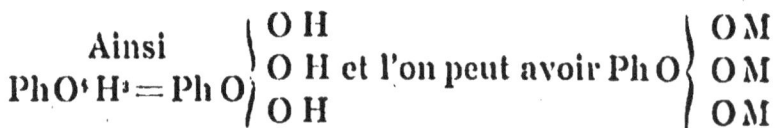

$$\text{Ainsi} \quad PhO^{1}H^{3} = PhO \begin{cases} O\,H \\ O\,H \\ O\,H \end{cases} \text{ et l'on peut avoir } PhO \begin{cases} O\,M \\ O\,M \\ O\,M \end{cases}$$

Exemple : $PhO^{1}Na^{3}$; $PhO^{1}HNa^{2}$; $PhO^{1}H^{2}Na$.

M représentant un métal monovalent, avec un métal bivalent la formule est un peu plus compliquée.

Exemple : $(PhO^{1})^{2}Ca^{3}$, $(PhO^{1})^{2}H^{2}Ca^{2}$, $(PhO^{1})^{2}H^{1}Ca$.

PRÉPARATION

On prépare l'acide phosphorique en chauffant du phosphore avec de l'acide azotique un peu étendu d'eau, marquant environ 20° à l'aréomètre de Baumé.

La cornue communique avec un ballon refroidi

où se condensent les vapeurs rutilantes. L'acide phosphorique reste dans la cornue sous la forme d'un liquide sirupeux.

Composés hydrogénés du Phosphore

Le phosphore forme avec l'hydrogène trois composés :

Un phosphure gazeux PhH^3.

Un phosphure liquide PhH^2.

Un phosphure solide Ph^2H.

Nous nous occuperons seulement du phosphure gazeux.

HYDROGÈNE PHOSPHORÉ GAZEUX
Synonyme : Gaz de Gengembre

$$PhH^3 = 34$$

PROPRIÉTÉS

C'est un gaz incolore, d'une odeur alliacée, légèrement soluble dans l'eau, soluble dans l'alcool et dans l'éther. Densité 1,185.

Spontanément inflammable à l'air à la température ordinaire, il donne en brûlant de l'acide orthophosphorique.

$$PhH^3 + 4O = PhO^4H^3$$

Cette propriété que présente l'hydrogène phosphoré de s'enflammer spontanément vient de ce qu'il contient un peu de phosphure liquide, car c'est l'hydrogène phosphoré liquide qui jouit de la propriété de s'enflammer spontanément au contact de l'air. Aussi voyons-nous l'hydrogène phosphoré gazeux perdre avec le temps cette propriété par suite de la décomposition du phosphure liquide qu'il contient en phosphore gazeux et en phosphure solide.

Ce gaz se produit dans la décomposition des matières organiques. Il donne naissance aux feux follets que l'on observe dans les cimetières.

L'hydrogène phosphoré gazeux Ph H³ est chimiquement analogue à l'ammoniaque.

PRÉPARATION

On prépare l'hydrogène phosphoré en chauffant dans un ballon des petits fragments de phosphore avec de la chaux humide.

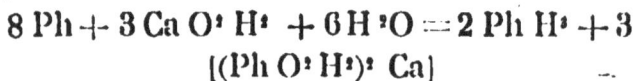

$$8 \text{ Ph} + 3 \text{ Ca O}^2 \text{ H}^2 + 6 \text{ H}^2\text{O} = 2 \text{ Ph H}^3 + 3$$
$$[(\text{Ph O}^2 \text{ H}^2)^2 \text{ Ca}]$$

Le gaz préparé de cette façon est spontanément inflammable, car il contient un peu de phosphure liquide. Si l'on veut avoir du phosphore gazeux non spontanément inflammable, il faut faire passer le gaz dans l'acide chlorhydrique qui décompose le phosphore liquide.

CARBONE C = 12

Le carbone se présente sous des états très divers. On le reconnait à ce caractère essentiel que 12 grammes de ce corps en s'unissant à 32 grammes d'oxygène donnent 44 grammes d'anhydride carbonique.

PROPRIÉTÉS

C'est un corps solide, infusible et fixe aux plus hautes températures de nos fourneaux. Il n'a pas d'autre dissolvant que la fonte de fer en fusion, qui par refroidissement le laisse déposer sous la forme de graphite.

Desprétz a montré que l'on pouvait fondre ce corps et même le volatiliser en le soumettant à l'action d'une pile très énergique.

La couleur, la dureté, la conductibilité du carbone varient avec les différentes variétés de carbone.

Ce corps brûle dans l'oxygène et dans l'air en produisant de l'anhydride carbonique. Si la combustion est incomplète, il se forme de l'oxyde de carbone C O.

Le carbone est un réducteur énergique ; il réduit presque tous les oxydes métalliques. Si l'oxyde est facile à réduire, il se forme du gaz carbonique.

$$2\,Cu\,O + C = C\,O^2 + 2\,Cu$$

Si l'oxyde est difficilement réductible, il se produit de l'oxyde de carbone.

$$Zn\,O + C = C\,O + Zn$$

C'est ainsi que Priestley a obtenu l'oxyde de carbone.

PRINCIPALES VARIÉTÉS DU CARBONE

On les réunit en deux groupes.

Charbons naturels :
- Diamant.
- Graphite ou plombagine.
- Anthracite.
- Houille.
- Lignites.
- Tourbes.

Charbons artificiels :
- Coke et charbon des cornues.
- Charbon de bois.
- Noir de fumée.
- Noir animal.

Charbons Naturels

Diamant

Le diamant est du carbone pur. C'est le plus dur de tous les corps connus (la dureté est la résistance à la rayure). Le diamant raye tous les corps et n'est rayé par aucun. Il cristallise dans le système cubique. Densité 3,5. Il est généralement incolore, mais il peut être jaune, rose et même noir. Son pouvoir réfringent est considérable.

On le trouve dans les sables d'alluvions en Sibérie, au Brésil, dans les monts Ourals, etc.

Graphite

Le graphite se présente généralement en lames brillantes. Il est onctueux au toucher, il peut être rayé par l'ongle. On le désigne quelquefois sous le nom de plombagine ou mine de plomb, mais improprement car il ne contient aucune trace de ce métal. Densité 2,2. C'est le moins combustible de tous les carbones.

On s'en sert pour faire des crayons.

On le trouve dans les terrains primitifs, en France, en Angleterre, en Espagne, etc.

Anthracite ou charbon de pierre

C'est un charbon qui contient beaucoup de matières étrangères. Il ressemble à la houille, mais il brûle bien plus difficilement.

On le trouve dans les terrains antérieurs au terrain houiller.

Houille ou charbon de terre

La houille se présente en masses compactes, d'un noir brillant. Densité variant de 1,2 à 1,7. Elle contient des matières bitumineuses. Elle brûle avec flamme et fumée. Soumise à la calcination en vase clos, à la température du rouge, elle fournit le gaz qui sert à l'éclairage.

Elle se trouve dans le terrain carbonifère et dans les terrains supérieurs jusqu'au terrain jurassique.

Lignites

Les lignites proviennent des végétaux carbonisés dont ils ont conservé la forme et la structure intimes. Ils brûlent avec une flamme longue accompagnée d'une odeur désagréable. Ils contiennent des matières étrangères en grande quantité.

On trouve les lignites à la base des terrains tertiaires.

Charbons Artificiels

Coke et Charbons des Cornues

La distillation de la houille dans les cornues qui servent à la préparation du gaz de l'éclairage, laisse un résidu appelé coke. Ce résidu est poreux, noirâtre, assez léger. Le coke est moins combustible que la houille. Il brûle sans flamme ni fumée en dégageant beaucoup de chaleur.

Sur les parois des cornues se trouve un dépôt très dense appelé charbon des cornues. Ce charbon est très dur, bon conducteur de la chaleur et de l'électricité. Il brûle en dégageant une quantité de chaleur supérieure encore à celle que dégage le coke. On l'emploie dans la construction de la pile de Bunsen.

Charbon de bois

Le charbon de bois est le résidu de la combustion incomplète du bois. Il est noir, fragile et plus ou moins poreux. Préparé à 400°, il est mauvais conducteur de la chaleur et de l'électricité, mais il brûle très facilement. Préparé à haute température, il est bon conducteur mais il s'enflamme plus difficilement. La propriété la plus remarquable du charbon de bois est d'absorber les gaz.

PRÉPARATION

Le procédé le plus suivi pour le préparer est la carbonisation en meules. On forme les meules en

disposant des morceaux de bois autour de quatre longues perches verticales formant une sorte de cheminée. On recouvre le tout d'une légère couche de terre et on y met le feu. On arrête l'opération lorsque la flamme devient bleuâtre. Les bois employés de préférence pour cette carbonisation sont le chêne et le châtaigner.

Noir de fumée

Le noir de fumée est le résultat de la combustion incomplète des carbures d'hydrogène, tels que les résines, les huiles, les graisses.

On s'en sert dans la peinture.

Noir animal. — Noir d'ivoire

Le noir animal s'obtient en calcinant les os en vase clos. La propriété la plus remarquable de ce charbon est son pouvoir décolorant. On s'en sert pour décolorer une foule de produits organiques.

ANHYDRIDE CARBONIQUE $CO_2 = 44$

Synonyme : Air fixe — air crayeux.

PROPRIÉTÉS

C'est un gaz incolore, d'une saveur aigrelette, sans odeur. Densité 1,529. Peu soluble dans l'eau. Il se liquéfie à 0° sous la pression de 36 atmosphères.

Il n'est ni combustible, ni comburant. Il trouble l'eau de chaux en produisant du carbonate de chaux insoluble.

En passant sur des charbons portés au rouge,

l'anhydrique carbonique se transforme en oxyde de carbone.

$$CO^2 + C = 2 C O$$

COMPOSITION

Dumas et Stass on fait la synthèse du gaz carbonique en faisant passer un courant d'oxygène pur sur du diamant placé dans un tube de porcelaine chauffé au rouge, dans un fourneau à reverbère.

Il se forme de l'anhydride carbonique qui est retenu dans des tubes contenant de la potasse et pesé d'avance.

L'augmentation de poids de ces tubes donne le poids d'anhydride carbonique formé. Le diamant a été pesé avant et après. On connait ainsi le poids du carbone qui a produit un poids déterminé de gaz carbonique.

On trouve ainsi : carbone   27.27   ou 12
                  oxygène   72.73   et 32
                            ——————— ————
                            100.00   44

PRÉPARATION

On prépare l'anhydride carbonique en décomposant le marbre ou la craie par l'acide chlorhydrique.

$$CO^3 Ca + 2 H Cl = C O + Ca Cl^2 + H^2 O$$

Dans l'industrie, on remplace l'acide chlorhydrique par l'acide sulfurique.

$$CO^3 Ca + SO^4 H^2 = CO^2 + SO^4 Ca + H^2 O$$

Le sulfate de chaux étant très peu soluble dans

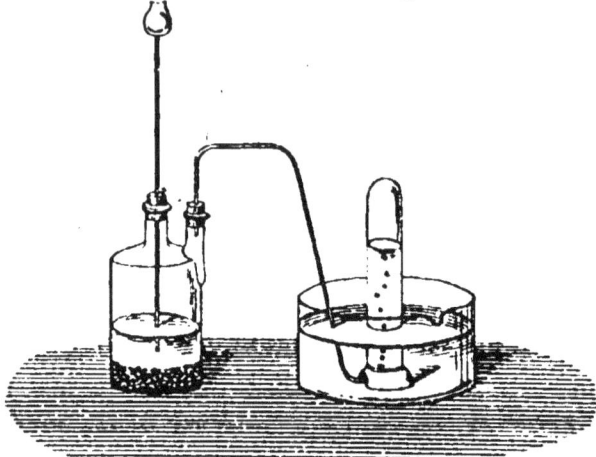

PRÉPARATION DE L'ANHYDRIDE CARBONIQUE

l'eau peut arrêter la réaction en se déposant sur la craie. Il est nécessaire d'agiter constamment.

ÉTAT NATUREL

On trouve l'anhydride carbonique dans l'air atmosphérique, il provient de la combustion du charbon et de la respiration des animaux et des végétaux. Certaines eaux minérales contiennent du gaz carbonique. Ce gaz se dégage aussi, dans certaines contrées, des fissures du sol, comme dans la grotte du chien à Pouzolles près de Naples. Comme il est plus lourd que l'air, il s'accumule sur le sol. Un chien ou un animal de petite taille peut être asphyxié, alors qu'un homme peut pénétrer impunément dans la grotte.

USAGES

L'anhydride carbonique est employé dans la fabrication de l'eau de Seltz et des boissons gazeuses.

OXYDE DE CARBONE $CO = 28$

C'est un gaz incolore, insipide, inodore. Densité 0,967. C'était un des gaz réputés permanents. Il est très peu soluble dans l'eau.

Ce corps est neutre au papier de tournesol. Il ne trouble pas l'eau de chaux. Il n'entretient pas la combustion, mais il est combustible. Il brûle avec une flamme bleue en produisant de l'anhydride carbonique.

$$CO + O = CO^2$$

L'oxyde de carbone est un gaz éminemment délétère. Il est d'autant plus dangereux qu'il ne trahit sa présence par aucune odeur. Il est incomparablement plus toxique que l'anhydride carbonique.

COMPOSITION

Pour déterminer la composition de l'oxyde de carbone, on fait détoner dans un eudiomètre à mercure 100 volumes d'oxyde de carbone et 100 volumes d'oxygène. Après l'explosion, le volume du gaz est réduit à 150 volumes, dont 100 volumes absorbables par la potasse. Il reste

50 volumes d'oxygène. Donc 100 volumes d'oxyde de carbone absorbent 50 volumes d'oxygène pour former 100 volumes d'anhydride carbonique, et comme l'anhydride carbonique contient un volume d'oxygène égal au sien, il s'ensuit que l'oxyde de carbone ne contient que la moitié de son volume d'oxygène.

Si de la densité de l'oxyde de carbone. . 0,967
on retranche la demi-densité de l'oxygène . 0,553

il reste. 0,414

qui est la demi-densité de la vapeur de carbone.

L'oxyde de carbone est ainsi formé à volumes égaux, de vapeur de carbone et d'oxygène.

PRÉPARATION

On prépare l'oxyde de carbone 1° en réduisant l'oxyde de zinc par le charbon.

$$Zn\,O + C = CO + Zn$$

2° En faisant passer un courant de gaz carbonique sur des charbons portés au rouge.

$$CO^2 + C = 2\,CO$$

PRÉPARATION DE L'OXYDE DE CARBONE AU MOYEN DE L'ANHYDRIDE CARBONIQUE ET DU CHARBON

3° En chauffant légèrement de l'acide oxalique avec de l'acide sulfurique concentré, on recueille ce gaz sur la cuve à eau. L'acide oxalique peut être considéré comme une combinaison d'oxyde de carbone et de gaz carbonique.

$$C^2 O^3 H^2 O$$

L'acide sulfurique, très avide d'eau, s'empare de l'eau de l'acide oxalique et l'on obtient ainsi un mélange d'oxyde de carbone et d'anhydride carbonique. On absorbe le gaz carbonique par la potasse.

$$C^2 O^3 H^2 O + SO^4 H^2 = CO + CO^2 + (SO^4 H^2 + H^2 O)$$

USAGES

La facilité avec laquelle l'oxyde de carbone se transforme en gaz carbonique en fait un réducteur précieux des oxydes. On en trouve l'application dans la métallurgie.

SULFURE DE CARBONE C S² = 76
Synonyme: Liqueur de Lampadius

PROPRIÉTÉS

C'est un liquide incolore, très mobile, d'une odeur fétide Insoluble dans l'eau, très soluble dans l'alcool et dans l'éther. Densité 1,293. Il bout à 45°. C'est un dissolvant du soufre, de l'iode, du phosphore et qui cristalliserait par refroidissement.

Le sulfure de carbone est très combustible, il brûle avec une flamme bleue en donnant de l'anhydride carbonique et de l'anhydride sulfureux.

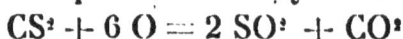

$$CS^2 + 6\,O = 2\,SO^2 + CO^2$$

La vapeur de sulfure de carbone forme avec l'oxygène ou l'air des mélanges détonants.

Plusieurs métaux décomposent le sulfure de carbone en produisant un sulfure et en mettant le charbon en liberté.

Le sulfure de carbone est chimiquement analogue à l'anhydride carbonique, aussi le désigne-t-on quelquefois sous le nom d'anhydride sulfocarbonique.

PRÉPARATION

On prépare le sulfure de carbone en faisant passer de la vapeur de soufre sur du charbon porté au rouge. Le fourneau est incliné comme l'indique

PRÉPARATION DU SULFURE DE CARBONNE

la figure. L'extrémité *a* du tube est fermée par un

bouchon. C'est par cette ouverture que l'on introduit le soufre. On le recueille sur l'eau dont il est
facile de le séparer. Plus lourd que l'eau, il forme
au-dessous une couche jaunâtre contenant un peu
de soufre en dissolution. On le distille au bain-
marie pour le séparer du soufre.

$$C + S^2 = CS^2$$

USAGES

Le sulfure de carbone sert à séparer le phosphore
rouge du phosphore ordinaire. On l'emploie
aussi pour vulcaniser le caoutchouc, c'est-à-dire
pour rendre le caoutchouc flexible et élastique.

CARBURES D'HYDROGÈNE
Gaz des Marais

$$C H^4 = 16$$

Synonymes : Formène — Méthane — Hydro-
géne protocarboné.

PROPRIÉTÉS

C'est un gaz incolore, insipide, inodore, très peu
soluble dans l'eau. Densité 0,559.

La chaleur le décompose en acétylène et en hydrogène.

$$2 CH^4 = C^2 H^2 + 6 H$$

Il est combustible. Il donne en brûlant de l'anhydride carbonique et de la vapeur d'eau.

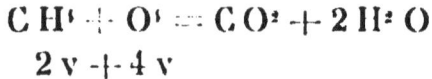

$$C H^4 + O^4 = C O^2 + 2 H^2 O$$

$$2 v + 4 v$$

Deux volumes d'hydrogène protocarboné et 4 volumes d'oxygène forment un mélange détonant.

Le chlore agit de diverses façons sur le protocarbure d'hydrogène. Sous l'action directe des rayons solaires, il se forme de l'anhydride carbonique avec dépôt de charbon.

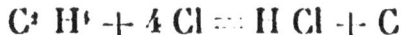

$$C^2 H^4 + 4 Cl = H Cl + C$$

On obtiendrait le même résultat en enflammant le mélange.

A la lumière diffuse, il se forme des produits de substitution. Parmi les produits de la réaction, on trouve le formène trichloré ou chloroforme $CH Cl^3$.

ÉTAT NATUREL

L'hydrogène protocarboné se produit dans la décomposition des végétaux. On le trouve dans la vase des marais et de toutes les eaux stagnantes. Il se dégage dans les galeries des mines de houille où il forme avec l'air des mélanges détonants (Grisou.)

COMPOSITION

On fait détoner dans un eudiomètre 2 volumes de ce gaz avec 6 volumes d'oxygène. Après le passage de l'étincelle, il reste 4 volumes dont 2 absorbables par la potasse. Il reste 2 volumes d'oxygène

Les 2 volumes de gaz carbonique produit renferment 2 volumes d'oxygène et 1 volume de vapeur de carbone. Donc 2 volumes d'oxygène ont disparu pour former de l'eau en absorbant 4 volumes d'hydrogène. Les 2 volumes de formène employés contiennent donc 4 volumes d'hydrogène et 1 volume de vapeur de carbone. D'où la formule $C H^4$, correspondant à 2 volumes.

PRÉPARATION

On peut obtenir l'hydrogène protocarboné en agitant avec un bâton la vase des marais. Les bulles pénètrent dans un flacon rempli d'eau, renversé et muni d'un entonnoir. Ainsi préparé le gaz n'est pas pur.

On l'obtient à l'état de pureté absolue, en chauffant dans une cornue de l'acétate de soude et de la chaux sodée.

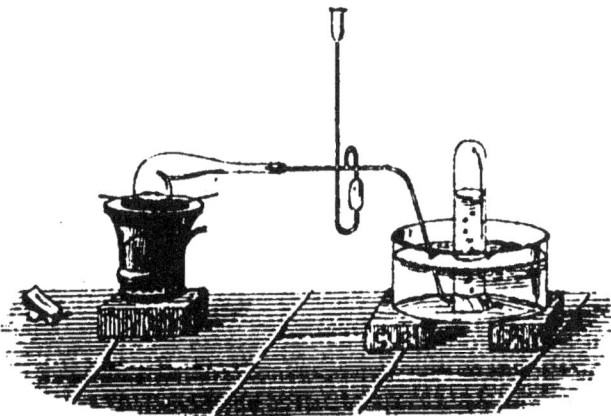

PRÉPARATION DU FORMÈNE

$$C^2 H^3 O^2 Na + Na OH = CH^4 + CO^3 Na^2$$

USAGES

L'hydrogène protocarboné entre dans la composition du gaz de l'éclairage.

GAZ OLÉFIANT C²H⁴ = 28

Synonymes : Ethylène — Hydrogène bicarboné

PROPRIÉTÉS

C'est un gaz incolore, d'une odeur éthérée. Très peu soluble dans l'eau. Densité 0,970.

Il est décomposable par la chaleur et l'électricité. Il est combustible. Il brûle en donnant du gaz carbonique et de la vapeur d'eau.

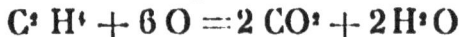

$$C^2 H^4 + 6 O = 2 CO^2 + 2 H^2 O$$

Le chlore agit de deux manières différentes. Si l'on approche un corps enflammé d'un mélange de 2 volumes d'hydrogène bicarboné et de 4 volumes de chlore, il se forme de l'acide chlorhydrique et un dépôt de charbon.

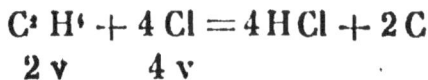

$$C^2 H^4 + 4 Cl = 4 H Cl + 2 C$$
$$2 v \qquad 4 v$$

A la température ordinaire et à la lumière diffuse, les deux gaz se combinent à volumes égaux et il se forme un liquide huileux appelé Liqueur des Hollandais.

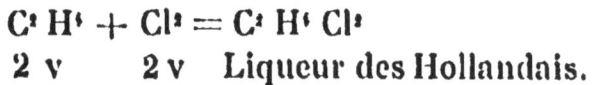

$$C^2 H^4 + Cl^2 = C^2 H^4 Cl^2$$
$$2 v \qquad 2 v \qquad \text{Liqueur des Hollandais.}$$

COMPOSITION

On fait détoner dans un eudiomètre 2 volumes de ce gaz et 8 volumes d'oxygène. Après le passage de l'étincelle, il reste 6 volumes de gaz, dont 4 absorbables par la potasse. Il reste 2 volumes d'oxygène. Les 4 volumes de gaz carbonique formés renferment 2 volumes de vapeur de carbone et 4 volumes d'oxygène. Il en résulte que 2 volumes d'oxygène ont disparu pour former de l'eau en absorbant 4 volumes d'hydrogène. Il y avait donc dans les 2 volumes d'hydrogène bicarboné 2 volumes de vapeur de carbone et 4 volumes d'hydrogène. D'où la formule $C^2 H^4$ correspondant à 2 volumes.

PRÉPARATION

On prépare l'éthylène en chauffant à une température supérieure à 160° un mélange d'alcool et d'acide sulfurique.

L'alcool perd un molécule d'eau dont s'empare l'acide sulfurique.

$$C^2 H^6 O = C^2 H^4 + H^2 O$$

Si la température était un peu moins élevée, il se formerait de l'éther.

USAGES

L'hydrogène bicarboné entre dans la composition du gaz de l'éclairage.

ACÉTYLÈNE $C^2 H^2 = 26$

M. Berthelot est parvenu à combiner directement le carbone et l'hydrogène en faisant arriver un courant de ce gaz sur l'arc voltaïque qui jaillit entre deux charbons sous l'influence d'une forte pile. Cette synthèse a été le point de départ d'un certain nombre de synthèses organiques.

PROPRIÉTÉS

C'est un gaz incolore qui a l'odeur du gaz de l'éclairage. Il est peu soluble dans l'eau, difficilement liquéfiable. Soumis à l'action de la chaleur dans une cloche courbe, il donne des produits polymériques : La benzyne $C^6 H^6$, le styrolène $C^8 H^8$, la naphtaline, etc.

L'acétylène brûle avec une flamme très éclairante en produisant de l'eau et de l'anhydride carbonique.

$$C^2 H^2 + O^3 = 2 CO^2 + H^2 O$$

Réactif de l'acétylène. — L'acétylène donne, avec une dissolution de chlorure cuivreux dans l'ammoniaque, un précipité rouge brique caractéristique d'acétylure cuivreux.

COMPOSITION

L'analyse de l'acétylène se fait de la même manière que celle du formène, et l'on voit que 2 volumes d'acétylène contiennent 2 volumes d'hydrogène et 2 volumes de vapeur de carbone. D'où la formule $C^2 H^2$ correspondant à 2 volumes.

PRÉPARATION

On employait naguère l'acétylure de cuivre à la préparation de l'acétylène. Actuellement, on obtient ce gaz plus facilement en décomposant par l'eau froide le carbure de calcium. Le carbure de calcium s'obtient en chauffant au four électrique un mélange de chaux et de charbon.

$$Ca\,C^2 + 2\,H^2 O = Ca\,O^2 H^2 + C^2 H^2$$

BENZINE $C^6 H^6 = 78$

PROPRIÉTÉS

C'est un liquide incolore, d'une odeur forte et caractéristique ; insoluble dans l'eau, mais soluble dans l'alcool et dans l'éther. Densité 0,9. C'est un dissolvant du soufre, du phosphore, des corps gras. D'où son emploi pour faire disparaître les taches de graisse.

La benzine est combustible. Elle brûle avec une flamme fuligineuse en produisant du gaz carbonique et de la vapeur d'eau.

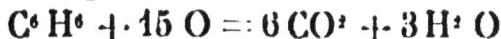

$$C^6 H^6 + 15\,O = 6\,CO^2 + 3\,H^2 O$$

En faisant agir lentement de l'acide azotique

monohydraté, sur de la benzine, on obtient une huile jaunâtre connue sous le nom de nitro benzine, qui est employée dans la parfumerie sous le nom d'essence de Mirbane.

PRÉPARATION

La benzine s'extrait des huiles légères du goudron de houille qui distillent au-dessous de 150°.

USAGES

La benzine est utilisée pour le dégraissage des étoffes, mais elle est principalement employée pour la fabrication de l'aniline et des matières colorantes qui en dérivent.

GAZ DE L'ÉCLAIRAGE

Le gaz de l'éclairage est un mélange d'hydrogène protocarboné et d'hydrogène bicarboné. Il contient un peu de benzine, d'oxyde de carbone, de sulfure de carbone et des traces d'acide sulfhydrique et de sulfhydrate d'ammoniaque.

On le retire de la houille que l'on calcine en vase clos. On effectue cette distillation dans de grandes cornues de terre et l'on chauffe à la température du rouge cerise. Le gaz qui se dégage se rend dans une sorte de flacon laveur (Barillet) où il dépose les carbures liquides à la température ordinaire (goudron de houille). Il passe ensuite dans un réfrigérent où il abandonne des carbures liquides plus volatils et en partie les sels ammoniacaux provenant de l'impureté de la houille. Enfin, on fait passer le gaz sur un mélange de sulfate de chaux et d'oxyde de fer pour retenir ce qui reste de sels ammoniacaux et l'acide sulfhydrique. Le gaz, ainsi épuré, se rend dans le gazomètre. C'est une cloche en tôle qui plonge dans l'eau. Il s'accumule sous cette cloche pour être ensuite distribué à la circulation.

Après l'opération, il reste dans les cornues un résidu appelé coke. Nous en avons parlé plus haut.

FLAMME

La flamme est le résultat de la combustion d'un gaz ou d'une vapeur.

Dans une flamme, il y a deux choses à considérer : l'élévation de température et le pouvoir éclairant.

La température d'une flamme n'est pas en rapport avec l'éclat qu'elle jette. Ainsi la flamme de l'hydrogène, qui est excessivement chaude, est pâle et peu éclairante.

Pour qu'une flamme soit brillante, il faut qu'elle renferme des particules solides incandescentes. C'est pour cette raison que la flamme du gaz de l'éclairage, la flamme des lampes, etc., sont très éclairantes. Elles contiennent en effet des particules de charbon portées à l'incandescence. Si la combustion du charbon était complète, la flamme cesserait d'être éclairante, mais elle serait très chaude.

COMPOSITION DE LA FLAMME

Dans une même flamme, la flamme d'une bougie par exemple, on trouve plusieurs régions présentant des différences de température et d'éclat.

1° A la base se trouve une zone bleuâtre *a* provenant de la combustion de l'oxyde de carbone ;

2° Une zone intérieure obscure *b* dans laquelle la combustion ne peut avoir lieu faute d'oxygène ;

3° Autour de cette zone *b*, une zone lumineuse *c*, car la combustion est encore incomplète et il reste des particules de carbone ;

4° Enfin cette zone lumineuse est elle-même entourée d'une couche très chaude *d*, mais peu lumineuse, car la combustion y est complète et il n'y a pas de particules solides incandescentes.

EFFETS DES TOILES MÉTALLIQUES

L'introduction dans une flamme, d'une toile

métallique très serrée, en abaisse la température. La combustion s'arrête immédiatement au-delà de cette toile. C'est une conséquence la grande conductibilité des métaux pour la chaleur. Cette propriété des toiles métalliques trouve son application dans la lampe de Davy. Cette lampe est destinée à prévenir les terribles explosions que le grisou produit dans les mines.

SILICE SI O² = 60
Synonyme : Anhydride silicique

La silice est, avec le carbonate de chaux, une des matières les plus répandues dans les couches du sol. Elle constitue le quartz, le silex, les grès, le sable, etc. Elle se trouve en très petites quantités dans les eaux courantes. Les jets d'eau bouillante qui constituent les Geysers d'Islande en laissent déposer une grande quantité.

La silice ne fond qu'à une température très élevée. L'acide fluorhydrique est le seul acide qui attaque la silice. Il produit de l'eau et du fluorure de silicium.

$$Si\ O^2 + 4\ H\ Fl = Si\ Fl^4 + 2\ H^2O$$

Cette propriété est utilisée dans la gravure sur verre.

La silice n'est attaquée ni par les métalloïdes ni par les métaux.

PRÉPARATION

On obtient artificiellement la silice en décomposant le silicate de potasse (Liqueur des cailloux) par l'acide chlorhydrique. On obtient ainsi un précipité de silice en gelée.

Le silicate de potasse soluble qui sert à préparer la silice s'obtient en chauffant dans un creuset en platine du sable et de la potasse.

———

CLASSIFICATION DES MÉTALLOIDES

On divise les métalloïdes en quatre familles naturelles :

1re FAMILLE

Fluor — Chlore — Brome — Iode

Un volume gazeux de ces corps s'unit à un volume d'hydrogène pour former deux volumes d'un gaz acide très énergique (acides fluorhydrique, bromhydrique, chlorhydrique, iodhydrique.

Les fluorures, chlorures, bromures, iodures, offrent entre eux les plus grandes ressemblances.

L'affinité de ces corps pour l'hydrogène, bien que très grande, décroît du fluor à l'iode.

Le fluor et le chlore sont gazeux. Le brome est liquide. L'iode est solide.

2° Famille

Oxygène — Soufre — Sélénium — Tellure

Un volume gazeux de ces corps s'unit à deux
volumes d'hydrogène pour former deux volumes de
vapeur d'un composé indifférent ou acide.

$$H^2O \quad H^2S \quad H^2Se \quad H^2Te$$

L'eau est un oxyde indifférent. Les acides sulfhydrique, sélenhydrique et tellurhydrique sont
des acides faibles qui offrent entre eux la plus
grande ressemblance chimique. Ces acides sont
très vénéneux, ils dégagent une odeur d'œufs ou
de choux pourris.

3° Famille

Azote — Phosphore — Arsenic

3 volumes d'hydrogène s'unissent à 1 volume
d'azote pour former 2 volumes d'Az H^3.

A 1/2 vol. de vapeur de phosphore pour former
2 vol. de Ph H^3.

A 1/2 vol. de vapeur d'arsenic pour former
2 vol. de As H^3.

L'ammoniaque est une base énergique. L'hydrogène phosphoré et l'hydrogène arsénié sont
indifférents.

4° Famille

Carbone — Silicium — Bore

Le bore doit être mis à part.

Les analogies chimiques de ces métalloïdes sont
peu apparentes. L'hydrogène protocarboné et l'hy-

drogène silicié ont la même composition chimique CH^4 SiH^4. A l'anhydride carbonique CO^2 correspond la silice SiO^2.

Les analogies physiques sont plus marquées. Ces trois corps sont solides, infusibles et fixes aux plus hautes températures de nos fourneaux. Ils n'ont comme dissolvants que certains métaux en fusion. Le carbone se dissout dans la fonte de fer. Le silicium et le bore dans l'aluminium.

L'hydrogène reste en dehors de cette classification. Il ressemble en effet plus à un métal qu'à un métalloïde. Ainsi, il est bon conducteur de la chaleur ; il forme en se combinant avec l'oxygène un oxyde indifférent, l'eau, qui peut tantôt jouer le rôle de base, tantôt le rôle d'acide. Enfin il peut se combiner avec certains métaux, notamment le palladium pour former de véritables alliages.

MÉTAUX

Un métal est un corps simple, bon conducteur de la chaleur et de l'électricité et qui a pour caractère chimique essentiel de donner naissance, en s'unissant à l'oxygène, au moins à un oxyde basique ou base.

Les métaux sont solides, à l'exception du mercure qui est liquide et de l'hydrogène qui est gazeux.

CLASSIFICATION DES MÉTAUX

La classification des métaux repose sur les divers degrés d'affinité de ces corps pour l'oxygène. On les partage en 8 sections.

1re SECTION

Métaux décomposant l'eau à froid et dont les oxydes sont irréductibles par la chaleur seule.

Potassium, Sodium, Calcium, Baryum, etc.

2e SECTION

Métaux décomposant l'eau au-dessus de 50° et dont les oxydes sont irréductibles par la chaleur seule.

Magnésium, Manganèse.

3e SECTION

Métaux décomposant l'eau au rouge sombre ou à froid en présence des acides. Oxydes irréductibles par la chaleur seule.

Fer, Zinc, Nickel, Cobalt, Chrôme, etc.

4º SECTION

Métaux décomposant l'eau au rouge vif, mais ne décomposant pas l'eau à froid en présence des acides. Oxydes irréductibles par la chaleur seule.

Etain, Antimoine, Tungstène, Molybdène, etc.

5e SECTION

Métaux décomposant l'eau au rouge blanc et ne la décomposant pas à froid en présence des acides. Oxydes irréductibles par la chaleur seule.

Cuivre, Plomb, Bismuth.

6e SECTION

Métaux ne décomposant pas l'eau. Oxydes irréductibles par la chaleur.

Aluminium, Glucinium.

7e SECTION

Métaux ne décomposant pas l'eau. Oxydes complètement réductibles par la chaleur, s'oxydent à l'air à une température peu élevée.

Mercure, Palladium, etc.

8e SECTION

Métaux ne décomposant jamais l'eau. Oxydes réductibles par la chaleur, mais inoxydables à l'air à toutes températures.

Argent, Or, Platine, Iridium.

TABLEAU DES MÉTAUX

1re SECTION Métaux décomposant l'eau à froid — Oxydes irréductibles par la chaleur.	2e SECTION Métaux décomposant l'eau au-dessus de 50° — Oxydes irréductibles par la chaleur.	3e SECTION Métaux décomposant l'eau au rouge sombre ou à froid en présence des acides. — Oxydes irréductibles par la chaleur
Potassium Sodium Baryum Calcium	Magnésium Manganèse	Fer — Zinc — Nickel — Cobalt Chrôme
4e SECTION Métaux décomposant l'eau au rouge vif. — Oxydes irréductibles par la chaleur	5e SECTION Métaux décomposant l'eau au rouge blanc. — Oxydes irréductibles par la chaleur	6e SECTION Métaux ne décomposant jamais l'eau — Oxydes irréductibles par la chaleur
Etain Antimoine	Cuivre Plomb Bismuth	Aluminium Glucinium
7e SECTION Métaux ne décomposant pas l'eau Oxydes réductibles par la chaleur — S'oxydent à l'air	8e SECTION Métaux ne décomposant pas l'eau Oxydes réductibles par la chaleur — Inoxydables à l'air à toute température.	
Mercure Palladium	Argent — Or Platine Iridium	

ALLIAGES

On donne le nom d'alliages à des mélanges de métaux contenant de véritables combinaisons, ainsi que le montre leur cristallisation par refroidissement lent (liquation).

On obtient les alliages en fondant ensemble deux ou plusieurs métaux. Les plus usuels sont les alliages de cuivre et d'étain (bronze), de cuivre et de zinc (laiton), de plomb et d'antimoine (caractères d'imprimerie), etc. Un alliage dans lequel entre du mercure porte le nom d'amalgame.

La densité des alliages est tantôt plus faible, tantôt plus forte que la moyenne des densités des métaux qui entrent dans la composition de l'alliage.

Les alliages sont toujours plus fusibles que le moins fusible des métaux qui entrent dans leur composition. Ainsi l'alliage composé de bismuth, de plomb et d'étain, connu sous le nom d'alliage fusible de Darcet, fond vers 100°, alors que le point de fusion des différents métaux (bismuth, cuivre et plomb) est supérieur à 100°.

Les alliages sont moins ductiles, moins malléables et moins tenaces que les métaux composants, mais par contre, ils sont plus durs.

Les alliages, en général, résistent mieux à l'oxydation que les métaux qui les constituent.

OXYDES MÉTALLIQUES

La combinaison d'un métal et de l'oxygène constitue un oxyde métallique. Les métaux peuvent tous s'oxyder directement à l'exception de l'argent, de l'or, du platine, du rhodium et de l'iridium.

Action de la chaleur. — Les oxydes des métaux des six premières sections sont irréductibles par la chaleur seule. Toutefois, ils peuvent perdre une partie de leur oxygène pour passer à un état inférieur d'oxydation.

Ainsi, par exemple, le bioxyde de manganèse chauffé à une haute température passe à l'état d'oxyde salin.

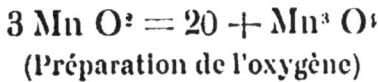

$$3 \, Mn \, O^2 = 2O + Mn^3 \, O^4$$
(Préparation de l'oxygène)

Action de l'hydrogène. — L'hydrogène est sans action sur les oxydes des métaux des deux premières sections, sur l'alumine et ses analogues. Il décompose tous les autres oxydes en formant de l'eau et en mettant le métal en liberté.

Action du carbone. — Le carbone réduit tous les oxydes que réduit l'hydrogène et, de plus, la potasse et la soude.

Si l'oxyde est facile à réduire, comme l'oxyde de cuivre, on aura du gaz carbonique.

$$2 \, Cu \, O + C = CO^2 + 2 \, Cu$$

Si, au contraire, l'oxyde est difficilement réductible, il se formera de l'oxyde de carbone.

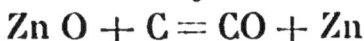

$$Zn \, O + C = CO + Zn$$

Action de l'eau. — Les oxydes métalliques sont insolubles dans l'eau à l'exception des oxydes des métaux de la première section, et encore les oxydes de calcium et de lithium ne sont-ils que très peu solubles.

CLASSIFICATION DES OXYDES

On partage les oxydes en cinq catégories :

1° *Oxydes basiques.* — Oxydes qui, en s'unissant aux acides forment des sels. Ex. : Potasse, soude,

$$K^2 O \qquad Na^2 O$$

oxyde de fer, oxyde de cuivre.

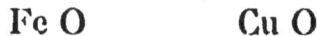

$$Fe O \qquad Cu O$$

2° *Oxydes acides.* — Oxydes qui, en s'unissant aux bases, peuvent former des sels. Ex. : Bioxyde d'étain ou acide stannique, acide manganique, etc.

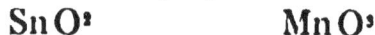

$$Sn O^2 \qquad Mn O^3$$

3° *Oxydes indifférents.* — Ce sont des oxydes qui peuvent tantôt jouer le rôle de base, tantôt le rôle d'acide. Exemple : L'eau, l'alumine.

$$H^2 O \qquad Al^2 O^3$$

4° *Les oxydes salins* que l'on peut considérer comme formés de deux oxydes, un basique, l'autre acide. Ex. : $Mn^3 O^4 = Mn O, Mn^2 O^3$.

5° Enfin les *oxydes singuliers.* Ces oxydes ne se combinent ni avec les acides ni avec les bases. Par exemple le bioxyde de manganèse $Mn O^2$.

PRÉPARATION DES OXYDES

On peut préparer les oxydes : 1º en calcinant un métal au contact de l'air. On obtient ainsi l'oxyde de zinc, l'oxyde de plomb, l'oxyde rouge de mercure, etc.

2º En décomposant par la chaleur un carbonate ou un azotate.

Ex. : $CO^3 Ca = CO^3 + Ca\ O.$

$$(Az\ O^3)^2\ Pb = 2\ Az\ O^3 + Pb\ O + O$$

(Préparation de l'acide hypoazotique)

3º Par voie humide. — En décomposant un sel en dissolution par une base alcaline. C'est ainsi qu'on obtient certains oxydes hydratés.

Exemple : Oxyde d'argent, protoxyde de fer, etc.

POTASSE K O H = 56

La potasse est solide, blanche, très avide d'eau. Elle fond un peu au-dessous de la chaleur rouge. Au contact de l'air, elle s'empare lentement du gaz carbonique pour former du carbonate de potasse.

PRÉPARATION

On obtient la potasse en faisant bouillir dans une marmite en fonte un mélange de carbonate de potasse additionné d'eau et de chaux éteinte. La chaux passe à l'état de carbonate de chaux et la potasse reste en dissolution.

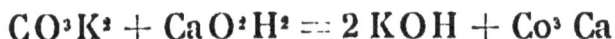

$$CO^3 K^2 + Ca O^2 H^2 = 2 KOH + Co^3 Ca$$

La potasse ainsi obtenue est dite potasse à la chaux. Elle n'est pas pure. On la purifie au moyen de l'alcool qui dissout la potasse et précipite les matières étrangères. En faisant évaporer la dissolution, on obtient la potasse pure dite potasse à l'alcool.

USAGES

On se sert de la potasse comme réactif dans les laboratoires. Dans l'industrie on l'emploie dans la fabrication des savons mous.

SOUDE Na OH = 50

La soude est analogue à la potasse. Elle se prépare par le même procédé.

On s'en sert pour la fabrication des savons durs.

CHAUX Ca O = 56

La chaux est blanche, amorphe, infusible, indécomposable par la chaleur. Densité = 2,3. La chaux est très peu soluble dans l'eau, mais son affinité pour ce liquide est très grande. Si l'on verse

de l'eau sur de la chaux vive, il se produit une élévation de température de 300° environ, suffisante
pour enflammer la poudre. On obtient alors un
hydrate de chaux, dit chaux éteinte.

$$Ca\ O + H^2\ O = Ca\ O^2\ H^2$$

La chaux anhydre porte le nom de chaux vive.
Exposée à l'air, la chaux se désagrège en absorbant le gaz carbonique pour former du carbonate
de chaux insoluble.

PRÉPARATION

La chaux se prépare en décomposant par la chaleur les pierres calcaires (carbonate de chaux).
Cette opération s'effectue dans des fours spéciaux
appelés fours à chaux.

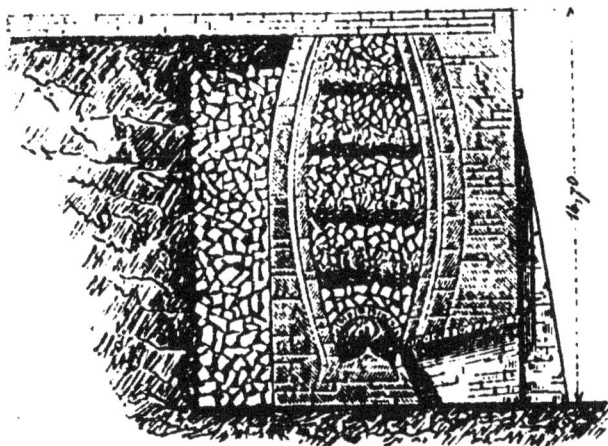

FOUR A CHAUX

Si les pierres·calcaires employées ne renferment
que du carbonate de chaux presque pur, on obtient
de la chaux qui s'échauffe facilement et augmente

beaucoup de volume au contact de l'eau. On l'appelle chaux grasse.

Si les pierres calcaires sont impures et contiennent beaucoup de matières étrangères (argile, magnésie, etc.), la chaux que l'on obtient ne possède plus au même degré les mêmes propriétés. Elle s'échauffe peu, elle augmente peu de volume au contact de l'eau. C'est la chaux maigre.

Enfin, si les pierres calcaires contiennent beaucoup d'argile et de silice (10 à 30 %), la chaux obtenue jouit de la propriété remarquable de se solidifier sous l'eau au bout d'un certain temps, par suite de la formation d'un silicate double d'alumine et de chaux hydraté, insoluble dans l'eau. Cette variété de chaux est nommée pour cette raison chaux hydraulique.

SULFURES MÉTALLIQUES

Les sulfures métalliques sont analogues aux oxydes par leur composition et leurs propriétés. Tous les métaux, à l'exception du zinc, de l'aluminium, de l'or et du platine se combinent directement avec le soufre à différentes températures.

CLASSIFICATION DES SULFURES

Il y a cinq catégories de sulfures comme il y a cinq catégories d'oxydes : Les sulfures basiques, acides, salins, indifférents, singuliers.

PROPRIÉTES

Les sulfures sont tous solides, cassants et souvent cristallisés. Quelques-uns possèdent l'éclat métallique.

Action de l'eau. — Les sulfures des métaux de la première section sont seuls solubles dans l'eau.

Action de la chaleur. — Tous les sulfures sont indécomposables par la chaleur, excepté les sulfures des deux dernières sections. Cependant la chaleur peut ramener certains sulfures à un état inférieur de sulfuration. Ainsi par exemple :

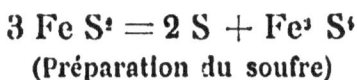

$$3\ Fe\ S^2 = 2\ S + Fe^2\ S^3$$
(Préparation du soufre)

Action de l'air et de l'oxygène. — L'air et l'oxygène sec décomposent tous les sulfures à une température plus ou moins élevée pour produire tantôt des sulfates tantôt de l'acide sulfureux.

L'air et l'oxygène humides agissent plus énergiquement. Ainsi le sulfure de fer $Fe\ S^2$ (pyrite martiale) qui résiste, à la température ordinaire, à l'action de l'oxygène sec, se transforme peu à peu, au contact de l'air humide, en sulfate de fer.

Réactif des sulfures. — Les sulfures traités par un acide dégagent de l'acide sulfhydrique facilement reconnaissable à son odeur.

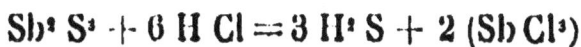

$$Sb^2\ S^3 + 6\ H\ Cl = 3\ H^2\ S + 2\ (Sb\ Cl^3)$$

PRÉPARATION

On prépare les sulfures métalliques par divers procédés :

1º En chauffant directement le soufre avec le métal.

2º En décompòsant les sulfates par le charbon.

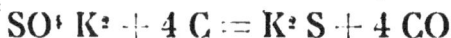

$$SO^4 K^2 + 4 C = K^2 S + 4 CO$$

3º En faisant agir de l'acide sulfhydrique sur un sel en dissolution.

Les sulfures sont très répandus dans la nature. On trouve dans le sol les sulfures de plomb (galène), de mercure (cinabre), de zinc (blende), de fer (pyrites), etc.

CHLORURES MÉTALLIQUES

Les chlorures sont généralement solides. Quelques-uns sont liquides. Ex : Bichlorure d'étain. Ils fondent facilement. Beaucoup sont volatils. Les anciens chimistes disaient que le chlore donne des ailes aux métaux.

Action de l'eau! — Les chlorures sont solubles dans l'eau à l'exception du chlorure d'argent, du sous-chlorure de mercure (calomel) et de quelques autres.

Action de l'oxygène. — L'oxygène est sans action sur la plupart des chlorures.

Action de la chaleur. — La chaleur ne décompose aucun chlorure, excepté les chlorures d'or et de platine qu'elle ramène à l'état métallique.

La lumière agit sur le chlorure d'argent ; elle lui enlève une partie de son chlore. Cette réaction est utilisée en photographie.

Action de l'hydrogène. — L'hydrogène peut décomposer un certain nombre de chlorures. Le métal est mis en liberté et il se forme de l'acide chlorhydrique.

Action des métaux. — Un métal décompose généralement les chlorures des métaux des sections suivantes.

PRÉPARATION

On prépare les chlorures : 1° En faisant agir directement sur le métal, le chlore, l'acide chlorhydrique ou l'eau régale ; 2° en faisant agir l'acide chlorhydrique non plus sur le métal, mais sur son oxyde, son sulfure ou son carbonate.

Réactif des chlorures. — Les chlorures en dissolution traités par l'azotate d'argent donnent un précipité blanc, caillebotté de chlorure d'argent AgCl. Ce précipité noircit à la lumière.

CHLORURE DE SODIUM Na Cl = 58,5
Synonyme : Sel marin

Le chlorure de sodium ou sel marin est incolore. Il cristallise en cubes qui, par leur assemblage, forment des pyramides quadrangulaires appelées Trémies. Il est à peu près aussi soluble à chaud qu'à froid. Il fond au rouge sans décomposition et se vaporise ensuite à une température plus élevée.

Le pouvoir diathermane du chlorure de sodium est remarquable, il laisse passer les 92/100 de la chaleur incidente, quelle que soit la nature de la source.

Le chlorure de sodium existe dans l'eau de mer, on le trouve aussi en amas considérables au sein de la terre dans certaines contrées (sel gemme).

On extrait le chlorure de sodium des eaux de la mer en faisant arriver ces eaux dans des bassins peu profonds appelés marais salants. Ces eaux s'évaporent alors sous l'action du soleil et laissent déposer les sels qu'elles contiennent. Les premiers dépôts sont les sels de chaux, vient ensuite le sel marin et enfin le sulfate de magnésie, bromures, etc.

USAGES

Le sel marin sert à la fabrication du sulfate de soude, de l'acide chlorhydrique, etc.

———

SELS

Lavoisier avait défini un sel : le résultat de la combinaison d'un acide avec une base. Aujourd'hui on désigne sous le nom de sel des composés qui dérivent des acides par la substitution totale ou partielle d'un métal à la place de l'hydrogène d'un acide.

Un acide est dit monobasique, bibasique ou tribasique suivant qu'il a un, deux ou trois points atomiques d'hydrogène.

Ainsi l'acide azotique AzO^3H est monobasique ;

l'acide sulfurique SO^4H^2 est bibasique ;

l'acide ortho-phosphorique PhO^4H^3 est tribasique.

Un sel est dit neutre quand l'hydrogène de l'acide est entièrement remplacé par un métal.

Ainsi AzO^3K

SO^4K^2 } sont des sels neutres.

PhO^4K^3

Si une partie de l'hydrogène seulement est remplacée par un métal, le sel est dit acide.

Ainsi SO^4KH.

PhO^4K^2H } sont des sels acides.

PhO^4KH^2.

Il est bien évident qu'un acide monobasique comme l'acide azotique ne peut donner des sels **acides.**

Les sels neutres sont en général sans action sur le tournesol ; il y a cependant de très nombreuses exceptions.

PROPRIÉTÉS

Les sels sont des corps solides, tantôt incolores, tantôt colorés.

L'eau dissout un grand nombre de sels. Tous les azotates sont solubles. Les sulfates sont également solubles, à l'exception des sulfates de plomb et de baryte. Au contraire, les carbonates sont insolubles, à l'exception des carbonates de potasse, de soude et d'ammoniaque.

Les phosphates sont également insolubles ainsi que les silicates, à l'exception des sels de potasse et de soude.

La solubilité des sels varie en général avec la température, elle est d'autant plus grande que la température est plus élevée ; il y a cependant des exceptions.

Action de la chaleur. — La chaleur décompose généralement les sels dont l'acide ou la base peut être volatilisé.

Les azotates sont tous décomposables par la chaleur.

Les carbonates sont également décomposables par la chaleur, à l'exception des carbonates alcalins. La chaleur décompose aussi les sulfates, sauf les sulfates alcalins et le sulfate de plomb.

Rappelons comme exemple de la décompostion

des sels par la chaleur, la préparation de l'oxygène par le chlorate de potasse :

$$ClO^4 K = KCl + O^3$$

Celle du peroxyde d'azote par l'azotate de plomb :

$$(Az\ O^3)^2\ Pb = 2\ Az\ O^2 + Pb\ O + O$$

et celle de la chaux par le carbonate de chaux :

$$CO^3\ Ca = CO^2 + Ca\ O$$

Action de l'électricité. — Le courant de la pile
décompose tous les sels en dissolution, le métal
seul se dépose au pôle négatif et le reste des éléments se rend au pôle positif.

Action des métaux. — L'action des métaux sur
les sels peut en général se résumer ainsi : Un
métal oxydable décompose un sel dont le métal
est moins oxydable que lui.

Ainsi le fer déplace le cuivre, le cuivre à son
tour déplace l'argent.

Lois de Berthollet

Les lois de Berthollet régissent les actions des
acides, des bases et des sels sur les sels. Elles
s'énoncent ainsi :

I. — Action des acides sur les sels

1° Un acide décompose un sel dont l'acide est
plus volatil que lui.

Ex : $CO^3\ Ca + SO^4\ H^2 = SO^4\ Ca + CO^2 + H^2O$

2° Un acide soluble décompose un sel dont l'acide
est insoluble.

Ainsi l'acide sulfurique, acide soluble, décompose le silicate de soude dont l'acide est insoluble.

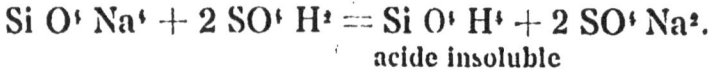

$$Si\ O^4\ Na^4 + 2\ SO^4\ H^2 = Si\ O^4\ H^4 + 2\ SO^4\ Na^2.$$

acide insoluble

3° Un acide décompose un sel quand il peut former avec sa base un sel insoluble.

Ainsi l'acide sulfurique décomposera l'azotate de baryte pour former avec la baryte du sulfate de baryte insoluble.

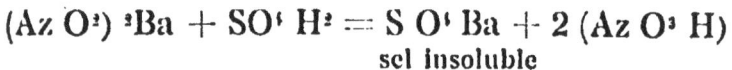

$$(Az\ O^2)\ ^2Ba + SO^4\ H^2 = S\ O^4\ Ba + 2\ (Az\ O^3\ H)$$

sel insoluble

II. — Action des bases sur les sels

Ces lois sont analogues aux précédentes.

1° Une base fixe décompose un sel dont la base est volatile.

La préparation du gaz ammoniac nous en fournit un exemple.

$$2\ (Az\ H^4\ Cl) + Ca\ O = 2\ Az\ H^3 + Ca\ Cl^2 + H^2\ O$$

2° Une base soluble décompose un sel dont la base est insoluble.

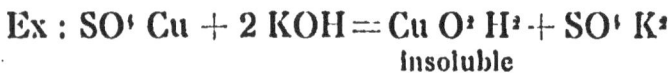

$$Ex : SO^4\ Cu + 2\ KOH = Cu\ O^2\ H^2 + SO^4\ K^2$$

insoluble

3° Une base décompose un sel quand elle peut former avec l'acide de ce sel un sel insoluble.

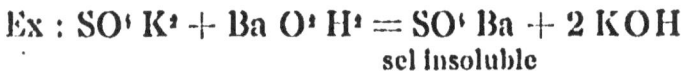

$$Ex : SO^4\ K^2 + Ba\ O^2\ H^2 = SO^4\ Ba + 2\ KOH$$

sel insoluble

III. — Action des sels sur les sels

1° Deux sels en solution se décomposent mutuellement lorsqu'ils peuvent former par l'échange de leurs éléments un sel insoluble.

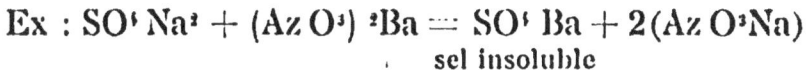

Ex : $SO^4 Na^2 + (Az O^3)^2 Ba = SO^4 Ba + 2(Az O^3 Na)$
sel insoluble

2° Deux sels se décomposent mutuellement quand, chauffés ensemble, ils peuvent former par l'échange de leurs éléments un sel plus volatil que chacun d'eux.

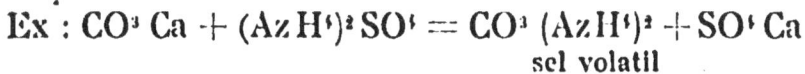

Ex : $CO^3 Ca + (Az H^4)^2 SO^4 = CO^3 (Az H^4)^2 + SO^4 Ca$
sel volatil

Les lois de Berthollet peuvent en général rentrer dans un principe plus général, le principe du travail maximum qu'on énonce ainsi : Toute réaction chimique tend vers la formation de corps qui en se produisant dégagent le plus de chaleur.

PRINCIPAUX GENRES DE SELS

Carbonates

Caractères généraux. — Les carbonates sont insolubles dans l'eau à l'exception des carbonates de potasse, de soude et d'ammoniaque. Ils sont décomposables par la chaleur à l'exception des carbonates de potasse, de soude et de baryte.

Réactif. — On reconnaît les carbonates à la vive effervescence qui se produit lorsqu'on traite ces sels par un acide. Le gaz carbonique qui se dégage trouble l'eau de chaux, rougit la teinture du tournesol et n'entretient pas la combustion.

CARBONATE DE POTASSE $CO_3 K_2$

Le carbonate de potasse mélangé d'un peu de sulfate de potasse et de chlorure de potassium est connu dans le commerce sous le nom de potasse.

On prépare ce carbonate impur ou potasse brute soit par l'incinération de plantes herbacées, on traite les cendres par l'eau et on évapore ensuite; soit en calcinant les vinasses de betterave et en soumettant le résidu salin à un traitement un peu plus compliqué.

PROPRIÉTÉS

Le carbonate de potasse est un corps solide, déliquescent, fusible sans décomposition. Il a une réaction alcaline au papier de tournesol qu'il bleuit comme la potasse.

Le carbonate de potasse sert à la préparation des savons mous, de la potasse, du salpêtre, etc.

CARBONATE DE SOUDE $CO_3 Na_2$

C'est un sel blanc, efflorescent, très soluble dans l'eau, offrant au papier de tournesol une réaction alcaline, fusible, indécomposable par la chaleur.

PRÉPARATION

Pendant longtemps on a préparé ce sel par l'incinération de diverses plantes du genre Salsola, croissant au bord de la mer. On le prépare actuellement par le procédé Leblanc.

Ce procédé consiste à chauffer fortement dans un four à reverbère, du sulfate de soude, de la craie et du charbon en poudre.

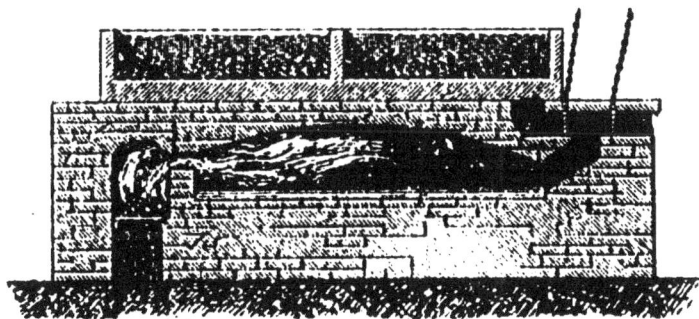

PRÉPARATION DU CARBONATE DE SOUDE

Le sulfate de soude et le carbonate de chaux réagissant mutuellement, il se forme du carbonate de soude et du sulfate de chaux. Le sulfate de chaux est à son tour décomposé par le charbon. Il en résulte finalement du sulfure de calcium et du gaz carbonique qui se dégage.

$$CO_3 Ca + SO_4 Na_2 + 2 C = CO_3 Na_2 + CaS + 2 CO_2$$

Ce procédé peut être employé à la fabrication du carbonate de potasse.

USAGES

Le carbonate de soude est employé dans la fabrication du verre à bouteille, des savons durs, etc.

CARBONATE DE CHAUX CO_3Ca

On rencontre dans la nature le carbonate de chaux sous deux formes cristallines différentes :

1º En rhomboèdres. Il est connu alors sous le nom de Spath d'Islande. Sous cette forme il est incolore, transparent et jouit du phénomène de la double réfraction ;

2º En prismes droits à base rectangle, on lui donne le nom d'Arragonite. C'est un corps dense, d'un blanc laiteux, moins répandu que le spath d'Islande.

On trouve aussi le carbonate de chaux sous des formes non cristallines : Craie, pierre à bâtir, etc.

PROPRIÉTÉS

Le carbonate de chaux est insoluble dans l'eau, mais soluble dans l'eau chargée de gaz carbonique, il passe alors à l'état de bicarbonate.

Il est décomposable par la chaleur.

$$CO_3Ca = CaO + CO_2$$

(Voir plus haut la préparation de la chaux).

Il est attaqué par les acides comme tous les carbonates.

Il entre dans la composition des os.

Il sert à la préparation de la chaux. Il est employé dans la construction des édifices, etc.

SULFATES

CARACTÈRES GÉNÉRAUX

Les sulfates sont solubles dans l'eau à l'exception des sulfates de baryte, de plomb et d'argent. Le sulfate de chaux est très peu soluble.

Les sulfates sont décomposables par la chaleur, à l'exception des sulfates de potasse, de soude, de baryte et de plomb.

Réactif. — On reconnaît un sulfate soluble en versant de l'azotate de baryte dans la dissolution ; on obtient par double décomposition un précipité de sulfate de baryte.

ALUNS

Les aluns sont des sulfates doubles d'alumine et d'une base alcaline. De là trois espèces d'aluns. L'alun ordinaire ou à base de potasse

$$(SO^4)^3 Al^2 + SO^4 K^2 + 24 H^2O$$

L'alun à base de soude

$$(SO^4)^3 Al^2 + S O^4 Na^2 + 24 H^2O$$

L'alun ammoniacal

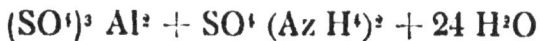

$$(SO^4)^3 Al^2 + SO^4 (Az H^4)^2 + 24 H^2O$$

Alun ordinaire ou à base de potasse

PROPRIÉTÉS

C'est un sel blanc, d'une saveur astringente, beaucoup plus soluble à chaud qu'à froid.

Il fond vers 100° et perd ses 24 molécules d'eau de cristallisation. Si l'on continue à chauffer, il se boursoufle considérablement et s'élève au-dessus du creuset en forme de champignon. C'est l'alun calciné.

Au rouge, l'alun se décompose en acide sulfureux et oxygène et il reste dans le creuset du sulfate de potassium et de l'alumine.

PRÉPARATION

On prépare l'alun dit de Rome en l'extrayant d'un minéral, l'*alunite*, ou pierre d'alun. C'est un composé d'alun et d'un excès d'alumine. On calcine légèrement l'alunite et on traite par l'eau qui dissout l'alun et précipite l'alumine. L'alun ainsi obtenu cristallise en cubes.

En France, on prépare l'alun en attaquant les argiles par l'acide sulfurique, les argiles contiennent de la silice et de l'alumine (silicate d'alumine hydratée).

CRISTAUX D'ALUN

Il se forme alors du sulfate d'alumine qui se dissout dans l'eau et l'acide silicique se précipite. En ajoutant du sulfate de potasse à la dissolution de sulfate d'alumine on obtient, par refroidissement, des cristaux octaédriques d'alun.

USAGES

L'alun est principalement employé dans la teinture et la fabrication des cuirs. On s'en sert en médecine comme astringent.

AZOTATES

CARACTÈRES GÉNÉRAUX

Les azotates sont tous solubles dans l'eau. Ils sont tous décomposables par la chaleur. Ils fusent sur les charbons incandescents.

Réactif. — Les azotates chauffés avec de l'acide sulfurique et du cuivre donnent des vapeurs rutilantes de peroxyde d'azote.

Il y a trois phases dans la réaction :

1o L'acide sulfurique réagissant sur le sel met en liberté l'acide azotique.

$$Az\,O^3\,K + SO^4\,H^2 = SO^4\,KH + Az\,O^3H$$

2o Le cuivre, à son tour, donne avec l'acide azotique du bioxyde d'azote.

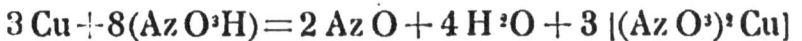

$$3\,Cu + 8(Az\,O^3H) = 2\,Az\,O + 4\,H^2O + 3\,[(Az\,O^3)^2\,Cu]$$

3o Au contact de l'air, le bioxyde d'azote se transforme en peroxyde d'azote.

$$Az\,O + O = Az\,O^2$$

NITRE · Az O³ K

PROPRIÉTÉS

L'azotate de potasse, que l'on désigne aussi sous les noms de nitre, de salpêtre, est un corps blanc, d'une saveur un peu amère. Il cristallise en longs prismes sans eau de cristallisation. Il est beaucoup plus soluble à chaud qu'à froid. Il fond vers 330°. Il se décompose à une température plus élevée. Il présente toutes les autres propriétés des azotates.

PRÉPARATION

En Egypte et dans les pays chauds, l'azotate de potasse s'effleurit à la surface du sol après la saison des pluies. Il suffit de lessiver à l'eau bouillante et de faire évaporer pour avoir des cristaux d'azotate de potasse.

Dans les pays tempérés, on trouve le salpêtre à la surface des murs dans les lieux bas et humides. Mais aujourd'hui la plus grande partie du salpêtre s'obtient en traitant l'azotate de soude que l'on trouve en masses compactes, principalement au Chili et au Pérou, par le chlorure de potassium. Il se forme par double décomposition du chlorure de sodium et de l'azotate de potasse. En évaporant, le chlorure de sodium, qui n'est pas plus soluble à chaud qu'à froid, se dépose. On l'enlève au fur et à mesure et la solution demeure chargée de salpêtre que l'on fait cristalliser par refoidissement.

USAGES

Le salpêtre est principalement employé à la fabrication de l'acide azotique et de la poudre.

POUDRE A CANON

La poudre est un mélange de salpêtre, de soufre et de charbon dans les proportions suivantes :

Salpêtre 75 %, soufre 12,5 %, charbon 12,5 %, Les proportions de salpêtre, de soufre et de charbon varient un peu dans la poudre de mine et dans la poudre de chasse. Ce mélange s'enflamme vers 300° en produisant du sulfure de potassium, de l'azote et de l'acide carbonique. L'équation de combustion est la suivante :

$$2 Az O^3 K + S + 3 C. = K^2 S + 2 Az + 3 CO^2$$

ANALYSE D'UNE POUDRE

On jette un poids connu de poudre dans l'eau, le salpêtre se dissout. La différence de poids donne le poids du salpêtre. On traite le résidu par le sulfure de carbone qui dissout le soufre et on pèse le charbon qui reste.

MÉTALLURGIE DU FER

Les minerais de fer sont très nombreux. Les plus importants sont :

1° L'oxyde magnétique de fer Fe^3O^4 ;

2° Le sesquioxyde de fer anhydre Fe^2O^3 ;

3° Le sesquioxyde de fer hydraté $Fe^2O^3 H^2O$;

4° Le carbonate de fer, ou fer spatique Co³Fe.

La réduction du minerai s'effectue au moyen du carbone dans les hauts fourneaux.

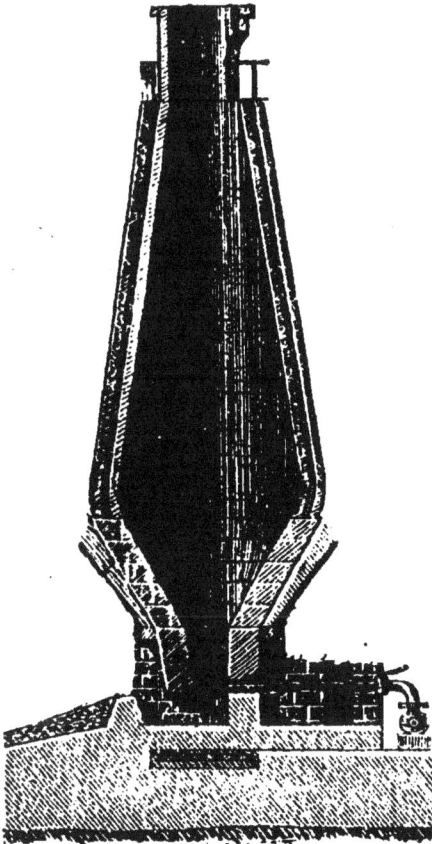

Un haut fourneau est formé d'un tronc de cône A B en briques réfractaires que l'on nomme la *cuve*, réuni à un second tronc de cône que l'on appelle *les étalages* au-dessous desquels se trouve une partie cy-lindrique (ouvrage), terminée à sa partie inférieure par un creu-set. En bas du creuset se trouve le trou de coulée.

Des machines souf-flantes lancent de l'air qui arrive par les tuyè-res. L'ouverture supé-rieure du haut four-neau porte le nom de *gueulard*.

HAUT-FOURNEAU

L'appareil étant en feu, on introduit par le gueulard des couches alternatives de charbon et de minerai. Le charbon, arrivé dans la partie supé-rieure de l'ouvrage, se transforme en anhydride carbonique au contact de l'air envoyé par les tuyères. Le gaz carbonique ainsi produit est réduit dans les étalages par le charbon en oxyde de carbone.

$$CO_2 + C = 2\,CO$$

L'oxyde de carbone, à son tour, réduit le minerai avec formation d'anhydride carbonique; mais le fer, à la haute température à laquelle s'effectue cette décomposition, se combine à 2 ou 3 % de charbon et forme la *fonte* qui coule à la partie inférieure, sort par le trou de coulée et se solidifie ensuite.

L'oxyde de fer employé, ayant encore une partie de sa gangue, on ajoute une substance capable de former avec la gangue un composé fusible. Il se forme alors ce qu'on appelle le *laitier*. Le laitier, étant plus léger que la fonte, surnage et s'écoule sur le sol par un plan incliné.

FONTES ET ACIERS

La fonte est un carbure de fer contenant environ 3 % de charbon et une très petite quantité de silicium et de soufre. Elle présente deux variétés : la fonte blanche et la fonte grise.

La fonte sert à la préparation du fer. Il suffit pour cela d'insuffler un fort courant d'air dans de la fonte en fusion. Le carbone est brûlé et l'on obtient du fer métallique.

ACIER

L'acier est un carbure de fer qui contient de 8 à

15 millièmes de carbone. C'est un corps blanc, brillant d'une densité égale sensiblement à celle du fer. Chauffé au rouge et refroidi brusquement en le plongeant dans l'eau, l'acier devient extrêmement dur, très élastique, mais très cassant. (Acier trempé).

On obtient l'acier soit en décarburant incomplètement la fonte (acier naturel), soit en chauffant fortement des barres de fer avec du charbon de bois pulvérisé. (Acier de cémentation).

NOTIONS DE CHIMIE ORGANIQUE

Les matières organiques, c'est-à-dire celles que l'on peut extraire des organes des plantes et des animaux sont formées, les unes uniquement de carbone et d'hydrogène (acides, alcools, éthers, etc.); d'autres enfin de carbone, d'hydrogène, d'oxygène et d'azote. On trouve aussi quelquefois du chlore, du fer, du phosphore, etc. Mais le carbone ne manque jamais : c'est l'élément essentiel de la nature vivante et l'on peut dire avec M. Wurtz que la chimie organique est l'histoire des composés du carbone.

L'analyse élémentaire d'une substance organique se fait au moyen de l'oxyde de cuivre. Le

ANALYSE ÉLÉMENTAIRE D'UNE SUBSTANCE ORGANIQUE

carbone donne avec l'oxygène de l'acide carbonique et l'hydrogène de la vapeur d'eau. La vapeur d'eau est retenue par un tube en U contenant du chlorure de calcium et l'acide carbonique par un

autre tube contenant de la potasse. L'augmentation de poids du premier tube donne le poids d'eau
formée et par conséquent le poids d'hydrogène.
L'augmentation de poids du second tube donne le
poids d'acide carbonique dont il est facile de tirer
le poids du carbone. L'oxygène se dose par différence.

Si la matière renferme de l'azote, on recueille ce
gaz sous une éprouvette et on déduit son poids de
la mesure de son volume.

FONCTIONS CHIMIQUES

Les substances organiques ont été classées d'a-
près leurs fonctions chimiques.

Les principales sont : 1° les carbures d'hydrogène (acétylène, formène, éthylène, etc.) ;

2° Les alcools qui sont composés de carbone,
d'hydrogène et d'oxygène, par exemple l'alcool
vinique $C^2 H^6 O$. Ce sont des corps qui peuvent,
sous l'influence des acides, perdre une molécule
d'eau et donner naissance à des Ethers.

$$\text{Ainsi } C^2 H^6 O + H Cl = C^2 H^5 Cl + H^2 O$$

Ether chlorhydr.

3° Les éthers qui proviennent de l'action des
acides sur les alcools avec élimination d'eau.

Ces corps peuvent, dans certaines circonstances,
fixer l'eau qu'ils ont perdue et reproduire l'alcool
et l'acide générateurs.

La transformation d'un éther en alcool porte le
nom de saponification ;

4º Les acides, corps résultant de l'oxydation des alcools.

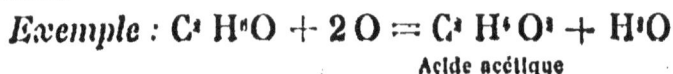

Exemple : $C^4 H^6 O + 2 O = C^4 H^4 O^4 + H^4 O$

Acide acétique

5º Les aldéhydes qui proviennent d'une oxydation moins énergique que précédemment.

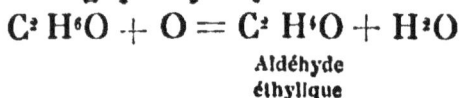

$$C^4 H^6 O + O = C^4 H^4 O + H^4 O$$

Aldéhyde
éthylique

6º Les ammoniaques composés ou amines.

Ecrivons la formule du gaz ammoniac sous la forme suivante :

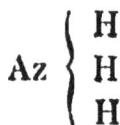

$$\text{Az} \begin{cases} H \\ H \\ H \end{cases}$$

Un radical alcoolique, l'éthyl ($C^2 H^5$) par exemple, peut remplacer un, deux, trois atomes d'hydrogène et donner les produits de substitutions suivants :

$$\text{Az} \begin{cases} C^2 H^5 \\ H \\ H \end{cases} \qquad \text{Az} \begin{cases} C^2 H^5 \\ C^2 H^5 \\ H \end{cases} \qquad \text{Az} \begin{cases} C^2 H^5 \\ C^2 H^5 \\ C^2 H^5 \end{cases}$$

Ethylamine   Diethylamine   Triethylamine

7º Les amides, composés azotés qui dérivent des sels ammoniacaux par élimination d'autant de molécules d'eau qu'il y a de fois Az dans le sel.

Ainsi l'acétate d'ammoniaque donne l'acétamide.

$$C^4 H^3 (Az H^4) O^4 - H^4 O = C^4 H^5 Az O$$

Acétate d'ammoniaque   Acétamide

8º Enfin les phénols, composés qui sont à la fois des alcools et des acides.

SYNTHÈSES ORGANIQUES

On sait actuellement réaliser un certain nombre de synthèses organiques. Ainsi M. Berthelot a pu obtenir artificiellement l'acétylène C^2H^2 en combinant directement le carbone et l'hydrogène sous l'action de l'arc voltaïque. En chauffant dans une cloche courbe l'acétylène avec son volume d'hydrogène, il a obtenu l'ethylène C^2H^4, auquel il a pu fixer les éléments de l'eau pour reproduire l'alcool ordinaire C^2H^6O.

Cette synthèse a été le point de départ des synthèses de matières organiques beaucoup plus complexes. A l'heure actuelle, le nombre des synthèses organiques est assez considérable.

TABLE DES MATIÈRES

Montluçon. — Imprimerie A. Herbin.

ERRATA

TABLE DES MATIÈRES

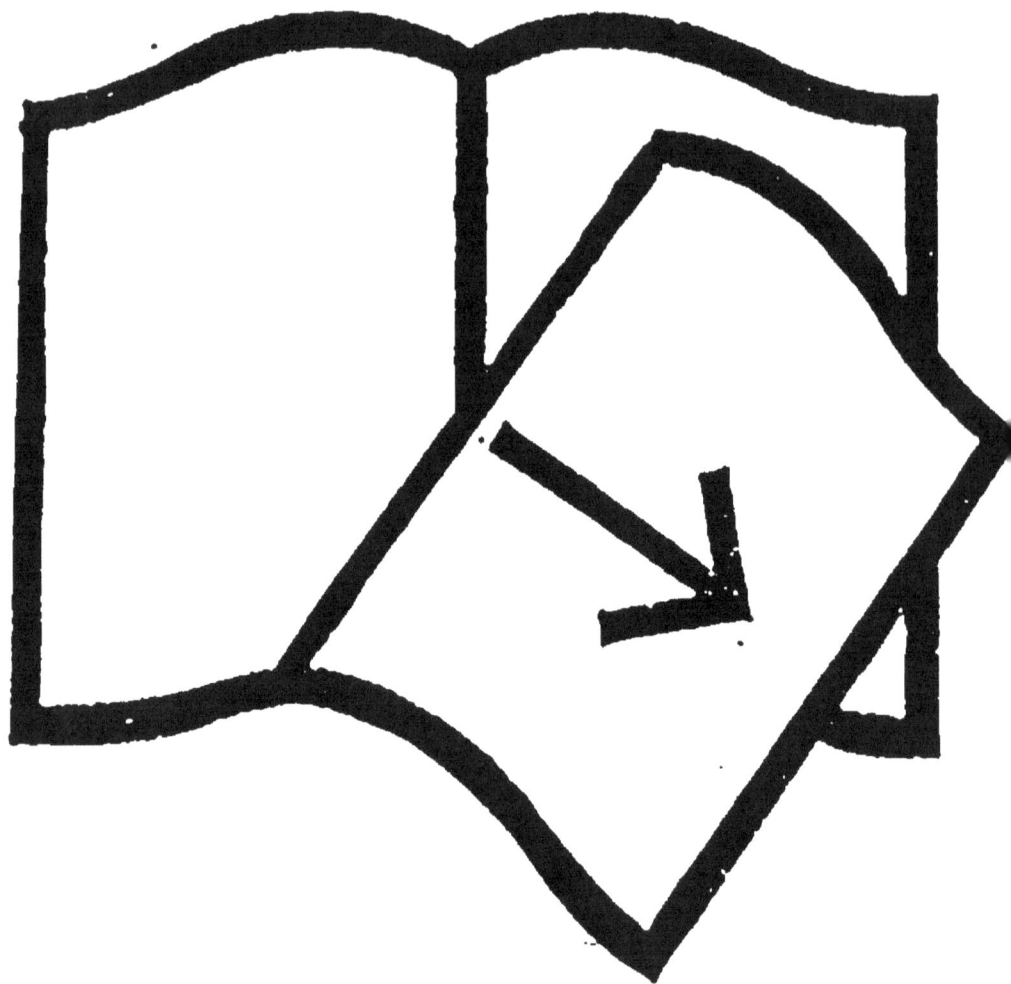

Documents manquants (pages, cahiers...)
NF Z 43-120-13

www.ingramcontent.com/pod-product-compliance
Lightning Source LLC
Chambersburg PA
CBHW062022200326
41519CB00017B/4885